医药类专业规划教材

制药设备操作与维护

（液体制剂）

ZHIYAO SHEBEI CAOZUO YU WEIHU (YETI ZHIJI)

主　编　蒋翔宇　王峥业

副主编　刘丛丛　邱　宇

苏州大学出版社
Soochow University Press

图书在版编目(CIP)数据

制药设备操作与维护. 液体制剂 / 蒋翔宇，王峥业主编. -- 苏州 ：苏州大学出版社，2025. 8(2025. 8重印). --(医药类专业规划教材). -- ISBN 978-7-5672-5253-0

Ⅰ. TQ460.5

中国国家版本馆 CIP 数据核字第 2025T1N230 号

书　　名：制药设备操作与维护(液体制剂)

主　　编：蒋翔宇　王峥业
责任编辑：赵晓嬿
助理编辑：周　雪
封面设计：刘　俊

出版发行：苏州大学出版社(Soochow University Press)
社　　址：苏州市十梓街 1 号　**邮编**：215006
印　　装：苏州市古得堡数码印刷有限公司
网　　址：www. sudapress. com
邮　　箱：sdcbs@suda. edu. cn
邮购热线：0512-67480030
销售热线：0512-67481020

开　　本：787 mm×1 092 mm　1/16　**印张**：12.5　**字数**：320 千
版　　次：2025 年 8 月第 1 版
印　　次：2025 年 8 月第 2 次印刷
书　　号：ISBN 978-7-5672-5253-0
定　　价：50.00 元

前　言

“制药设备操作与维护”是一门实践性很强的专业课，我们在教材编写中突出知识性、实践性和应用性，理论知识做到“必需、够用”，技能的培养注重体现“以专业人才培养目标为依据，以岗位需求为导向，以增强学生就业创业能力为核心，以职业能力培养为根本”的教育理念。

《制药设备操作与维护（液体制剂）》主要以典型液体制剂设备为主线进行编写，包括制水设备，超声波洗瓶机，隧道式烘箱，安瓿拉丝灌封机，安瓿检漏灭菌柜，西林瓶冻干生产线灌装、冷冻干燥和轧盖设备，全自动眼药水双针灌装机，口服液设备，空调净化及空气压缩系统等设备的结构、操作和维护维修等基本内容。我们力求把设备基础理论、操作与维护技能等相关内容紧密相连，突出设备的标准化操作规程和常见故障排除。同时，引导学生在掌握专用设备的基础上，进一步认识相关设备。

本教材是团队合作的结晶，编者们反复磋商、数易其稿，最终由主编蒋翔宇、王峥业统稿，常州机电职业技术学院王行刚教授主审。编写人员及分工如下：刘丛丛编写项目一、项目五，邱宇编写项目二、项目八，谢韬编写项目三，恽菲编写项目四，蒋翔宇编写项目六，王峥业编写项目七，郭庆伟编写项目九，关祥龙编写附录一和附录二。

本教材在编写过程中得到了苏州大学出版社、编者所在单位领导及有关药品生产企业领导和技术人员的大力支持，在此谨向这些单位和个人表示衷心感谢。

因编者水平有限，书中难免存在疏漏，敬请广大读者批评指正，以便再版时改进。

目　　录

项目一　制水设备

任务一　纯化水设备

学习目标

1. 能正确制取纯化水。
2. 能正确维护制水设备。

所需设备和工具

所需设备和工具见表 1-1。

表 1-1　所需设备和工具

名称	规格	单位	数量
纯化水设备	反渗透(RO)系统与电去离子(EDI)系统	套	1
维护维修工具箱		个	1

一、工艺流程

制备纯化水的工艺流程如图 1-1 所示。

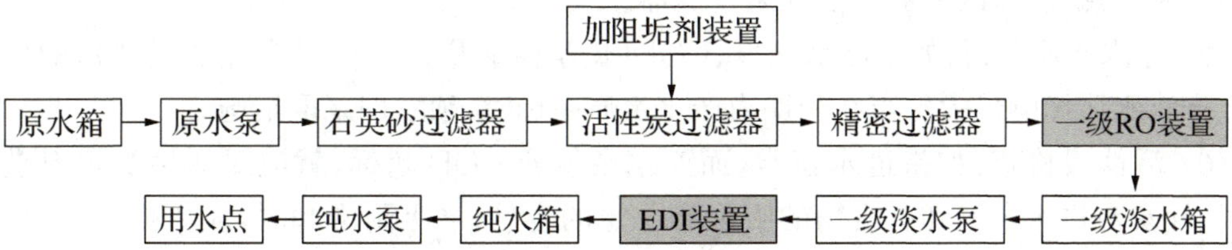

图 1-1　制备纯化水的工艺流程

二、RO 系统

(一) 主要术语

(1) RO:一种借助选择透过(半透过)性膜的功能,以压力为推动力的膜分离技术。

(2) RO 组件:一种能使 RO 膜技术付诸实际应用的基本单元。

(3) 原水:未经处理的天然(地表、地下)水及自来水。

(4) 预处理:借助于投加化学药剂、过滤、活性炭吸附、软化、精滤等方法对原水进行处理,使之符合 RO 系统进水水质标准的过程。

(5) 进水:经预处理后进入 RO 系统的水。

(6) 产水：RO 系统中透过 RO 膜的那部分水。

(7) 浓水：RO 系统中未透过 RO 膜的那部分水。

(8) 污染指数(FI)：一种表示溶液中胶体含量对 RO 膜污染堵塞程度的指数。亦可用淤积指数(SDI)来表示。

（二）预处理系统

1. 石英砂过滤器

石英砂过滤器的主要作用是除去水中的悬浮物和胶状物。过滤器工作一段时间后，由于悬浮物的截留，其压差会逐渐增大。当过滤器压差≥0.08 MPa 时，需要对过滤器进行反冲洗。

(1) 反洗：打开“上污”阀、“反洗”阀，启动“原水泵”，反洗一定时间后正洗。

(2) 正洗：打开“下污”阀、“正洗”阀，关闭“反洗”阀、“上污”阀，正洗一定时间后运行。

(3) 运行：打开“出水”阀，关闭“下污”阀，调节“总进水”阀至额定流量。

2. 活性炭过滤器

活性炭过滤器的主要作用是除去水中的有机物和余氯。

(1) 反洗：打开“上污”阀、“反洗”阀，反洗一定时间后正洗。

(2) 正洗：打开“下污”阀、“正洗”阀，关闭“反洗”阀、“上污”阀，正洗一定时间后运行。

(3) 运行：打开“出水”阀，关闭“下污”阀。

注：“正洗”阀与“进水”阀为同一阀门。

3. 运行管理(日常维护)

预处理设备运转一定时期后，产水水质会变差，为保证其出水达到 RO 系统的进水要求，须定期对其产水进行检查。

(1) 产水水质分析：产水水质分析结果如是浊度高、污染指数高，原因一般在多介质过滤器；如是余氯高，原因一般在活性炭过滤器。

(2) 原水水质分析：如果原水浊度、COD(化学需氧量)上升，对多介质过滤器的周期制水量、产水水质影响最大。当在周期内产水水质超标时，须立即采取措施。

(3) 活性炭检查：如果进水正常，而产水余氯或 COD 超标，就应对活性炭填料进行检查。活性炭对进水余氯和有机物的吸附有一定的容量，当吸附饱和时，应更换，一般更换周期为一年。

（三）一级 RO 装置

反渗透是指在外界压力作用下，浓溶液中的溶剂透过膜向稀溶液中扩散，具有这种功能的半透膜称为反渗透膜，也称 RO 膜。反渗透系统中主要利用膜分离技术的高脱盐率，去除水中的大部分离子、SiO_2、有机胶体等杂质。其核心设备是反渗透装置(简称 RO 装置)，是整个水处理生产装置的关键设备。

手动运行操作如下。

(1) 排气：全开“浓水调节阀”和“淡水出水阀”，再打开活性炭出水阀；打开精密过滤器排气阀，当排气阀有水外溢时，打开多级泵排气阀；关闭精密过滤器排气阀，当排气阀有水外溢时，即完成各级排气工作；RO 主机即可进入正常状态，启动多级泵。

(2) 开机：启动多级泵，对膜进行低压冲洗，此时观察膜前压是否正常。低压冲洗一定时间后，缓慢调节“浓水调节阀”，此时需注意RO装置的膜前压、膜后压和膜前、后压的压力差，产水流量和浓水流量的比例等，并进行相应调整。

(3) 停机。

① 正常停机。

a. 全开“浓水调节阀”（或“浓、淡水清洗阀”），使系统在低压条件下运行一定时间，即对膜进行低压冲洗。

b. 关闭多级泵。

c. 关闭原水泵。

d. 调整阀门。

e. 关闭电源。

② 非正常停机。

遇紧急情况，如突然停电、停水或一些无法预料的事件发生，启动“紧急停止”旋钮。

（四）常见故障及排除方法

设备各部件的常见故障及排除方法见表1-2至表1-5。

表1-2　石英砂过滤器的常见故障及排除方法

常见故障	排除方法
压力过高，流量下降	反洗
压力不变，流量不变，石英砂跑漏	查看布水器
压力不变，流量不变，过滤效果差	更换石英砂

表1-3　活性炭过滤器的常见故障及排除方法

常见故障	排除方法
压力过高，流量下降	反洗或查看上布水器是否堵塞
压力不变，流量不变，水质下降	更换活性炭
压力不变，流量不变，活性炭跑漏	查看下布水器
压力不变，流量不变，细菌超标	用蒸汽灭菌

表1-4　RO装置的常见故障及排除方法

异常原因		现象			检查内容	排除方法
		流量	脱盐率	压降		
温度	高	上升	下降	下降	季节变化，泵的效率	调整压力，冷却
	低	下降	下降	上升	季节变化，加热器	调整压力，冷却
压力	高	上升	上升	下降	泵，阀门	调整压力，冷却
	低	下降	下降	上升	泵，阀门，过滤器	调整压力

（续表）

异常原因		现象			检查内容	排除方法
		流量	脱盐率	压降		
浓水流量	大	未变	未变	上升	反渗透进水流量，压力控制阀	调整流量
	小	下降	下降	下降	反渗透进水流量，压力控制阀	调整流量
含量	高	下降	下降	下降	反渗透进水	控制压力
	低	上升	上升	上升	反渗透进水	控制压力
不溶物（结垢）	高	下降	下降	上升	反渗透进水水质，回收率	控制回收率，加阻垢剂
余氯（长期）	高	上升	下降	下降	活性炭	更换活性炭

表 1－5　RO 组件的常见故障及排除方法

异常原因	现象			检查内容	排除方法
	流量	脱盐率	压降		
膜功能衰退	上升	下降	下降	运行时间，进水温度、进水 pH，余氯	清洗或更换 RO 元件
膜泄漏	上升	下降	下降	压降，压力	清洗或更换 RO 元件
膜压缩	下降	上升	上升	进水温度，压力，运行时间	清洗或更换 RO 元件
O 形圈泄漏	上升	下降	上升	压力	调换 O 形圈
浓水密封圈泄漏	上升	下降	下降	元件装配是否合适，材料是否老化	调换浓水侧密封圈
膜污染（悬浮物）	下降	下降	上升	预处理给水质量	化学清洗
膜污染（结垢）	下降	下降	上升	预处理给水质量	化学清洗
膜污染（有机物）	下降			预处理给水质量	化学清洗

三、EDI 系统

（一）工作原理

EDI 是将电渗析技术与离子交换技术相结合的一种水处理工艺。它利用电再生离子交换除盐工艺来取代传统的混合离子交换除盐工艺，用于制造去离子水。EDI 主要用于从经过 RO 装置及其他纯化设备处理过的水中去除离子。其工作原理如下（图 1－2）。

（1）RO 产水进入 EDI 装置后，被分别均匀分配到淡水室和浓水室。

（2）RO 膜未脱除的微量离子被淡水室中的离子交换树脂吸附。

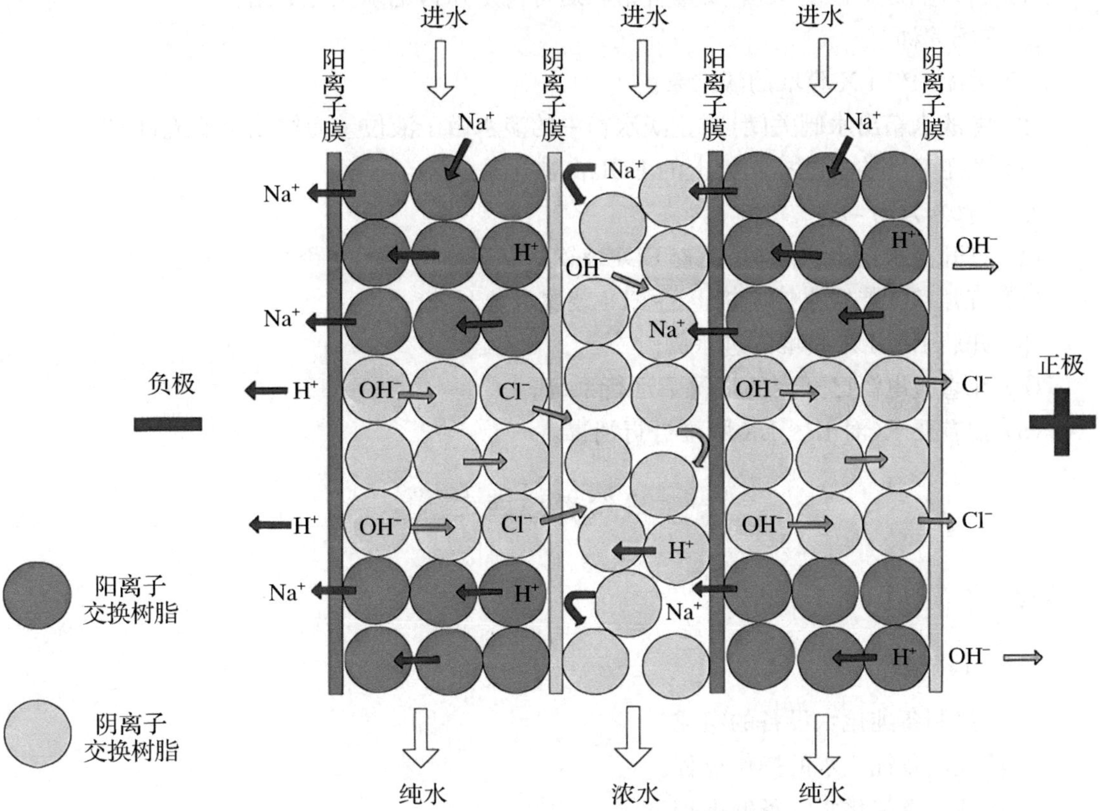

图 1－2　EDI 系统的工艺原理

(3) 直流电加在 EDI 装置的两端电极上，驱动淡水室中的阴阳离子向相应电极迁移，并进入浓水室，从而制取高纯水。

(4) 迁移至浓水室中的阴阳离子被进入浓水室的 RO 产水带出。

(5) 在电场作用下，水分子大量电离成 H^+ 和 OH^-，从而连续地对离子交换树脂进行再生。

(二) 操作规程

1. 手动开机

(1) 检查淡水箱出水阀是否打开，并检查 EDI 装置所有进出口阀门是否开启正确。

(2) 将 RO 装置主控制柜和 EDI 装置控制柜上的 EDI 装置电源开关均打开。

(3) 开启淡水泵，调整阀门，让产水及浓水达到所需的流量和压力。浓水流量通常会设定在产水流量的 20%(从而使水的回收率达到 80%)。调整阀门，以使在预期的流量下，产水出口的压力比浓水出口的压力高 2～5 psig(1 psig≈6 895 Pa)。

(4) 按照规定的电流，调整直流电源。

(5) 测试所有流量开关及联锁装置，确保 IP－LX 膜堆的直流电源会在水流中断时关闭。

(6) 当产水达到预期的质量后，连接进行生产。重新调整压力，使产水出口的压力比浓水出口的压力高 2～5 psig。

(7) 当系统处于稳定状态(质量合格和运行稳定)时,记录运行数据。

2. 系统关机

(1) 关闭 IP－LX 膜堆的淡水泵。

(2) 将淡水箱出水阀关闭,防止淡水箱中的淡水由于液位差而继续自然流过 EDI 装置。

(3) 关闭 RO 装置主控制柜上的 EDI 装置电源。

3. 关机后启动

(1) 打开淡水箱出水阀,并检查 EDI 装置所有进出口阀门是否开启正确。

(2) 打开 RO 装置主控制柜上的 EDI 装置电源开关。

(3) 开启 IP－LX 膜堆的进水阀。

(4) 在直流电源已开启的情况下运行系统。

(5) 如有要求,对 IP－LX 膜堆进行消毒。

进度考核评定

◇ 进度考核题目

一、简答题

1. 简述制备纯化水设备的组成。
2. 简述制备纯化水的操作过程。
3. 简述制备纯化水设备的维护过程。

二、实际操作题

制取纯化水,并维护制备纯化水设备。

◇ 进度考核评定标准

进度考核评定标准见表 1－6。

表 1－6 进度考核评定标准

编号	考核内容	分值	得分
1	认识纯化水设备的结构,熟悉其工作过程	40	
2	能正确操作纯化水设备	25	
3	能正确维护纯化水设备	25	
4	保证安全	10	
合　计		100	

任务二　多效蒸馏水机

学习目标

1. 能正确制取注射用水。
2. 能正确维护制水设备。

所需设备和工具

所需设备和工具见表 1－7。

表 1－7　所需设备和工具

名称	规格	单位	数量
多效蒸馏水机	LD500－5 型	套	1
维护维修工具箱		个	1

一、概述

LD500－5 型多效蒸馏水机主体由五个列管式蒸发器、一个冷凝器、五个内置式预热器、一个流量计、一个多级泵和相应的阀门及架体等组成。蒸发器和预热器都采取单体保温，设备采用 316L 材质制造。

二、工作原理

多效蒸馏水机的工作原理如图 1－3 所示。纯化水经过多级泵加压后首先进入冷凝器。在冷凝器内，纯化水在密闭的串联管道里流动，并被冷凝器筒体里的二次蒸汽加热。加热后的纯化水从冷凝器流出，随后进入五效预热器。纯化水在五效预热器里被进一步加热后，出五效预热器进入四效预热器，继续被四效预热器加热。同理，纯化水依次通过三效预热器、二效预热器、一效预热器，被逐级加热，待纯化水出一效预热器时，已经可以进入一效蒸发器

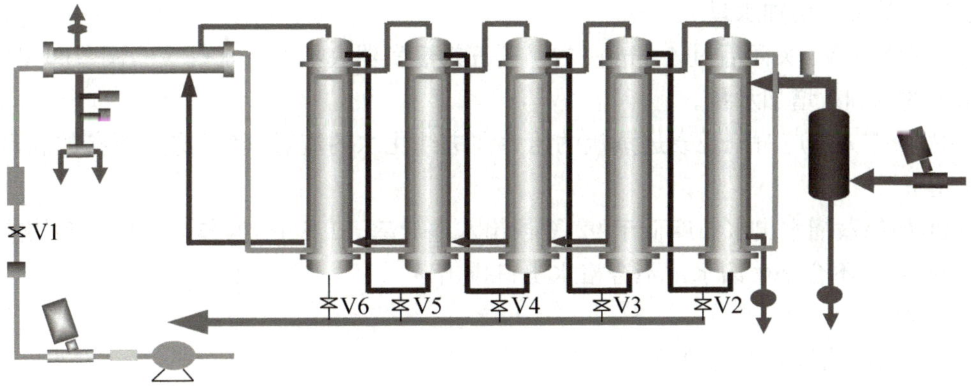

图 1－3　多效蒸馏水机的工作原理

筒体内进行喷淋。纯化水在一效蒸发器筒体内部进行降膜蒸发，高温纯化水在膜状下降的过程中被一效蒸发器筒体里的蒸汽加热产生二次蒸汽，产生的二次蒸汽随未蒸发的纯化水顺列管内壁下降。未蒸发的纯化水汇聚到一效蒸发器底部并被一效蒸发器的高压力（相对于二效蒸发器的高压力）送入二效蒸发器继续进行降膜蒸发，产生的二次蒸汽在一效蒸发器底部汇聚，经蒸发器通过重力分离、丝网分离除去含有热原等杂质的大小液滴后，变成纯净的高温纯蒸汽。高温纯蒸汽通过内部的导汽槽进入筒体的上部，再次进入二效蒸发器的蒸发器筒体内继续作为加热蒸汽，加热后凝结为蒸馏水依次向后面各效传递。后面各效蒸发器的工作原理与一效蒸发器的工作原理相同。五效蒸发器的二次蒸汽进入冷凝器，五效蒸发器筒体内部的蒸馏水（为二至五效蒸馏水量的总和）进入冷凝器筒体下部，和五效蒸发器的二次蒸汽冷凝后的五效蒸馏水汇合流出冷凝器成为设备的总蒸馏水产量。五效蒸发器筒体底部的剩余纯化水已成为富含杂质的浓缩水而被排掉。

三、手动操作步骤

1. 确认开机前状态

锅炉蒸汽手动阀等所有手动阀关闭。

2. 开机

(1) 打开各效蒸发器底部的排水阀，一效蒸发器底部的排水阀半开，五效蒸发器底部的排水阀半开；打开料水进水气动阀，打开蒸汽进汽气动阀。

(2) 开启蒸汽手动阀，使蒸汽压力（实为压强，下同）保持在 0.2～0.25 MPa。

(3) 启动多级泵，开始给设备供纯化水。

(4) 调节阀 V1，使刚开始的进水量为额定进水量的 1/3 左右，经过约 3 min 后料水进入一效蒸发器，这时可以见到一效蒸发器进汽的压力表压力有一定幅度的下降，应手动调节一效蒸发器进汽阀使压力回升到 0.25 MPa 左右。

(5) 待一效蒸发器进水 3～4 min 后关闭一效蒸发器底部的排水阀 V2。

(6) 过 4 min 左右关闭二效蒸发器底部的排水阀 V3。

(7) 排水阀 V3 关闭后过 4 min 左右关闭三效蒸发器底部的排水阀 V4，调节进蒸汽的压力达到 0.3 MPa，并调节阀 V1 在之前进水量的基础上增加进料水量。

(8) 排水阀 V4 关闭后过 4 min 左右关闭四效蒸发器底部的排水阀 V5，调节阀 V1 在之前进水量的基础上增加水量。

(9) 排水阀 V5 关闭后过 4 min 左右半开五效蒸发器底部的排水阀 V6，调节阀 V1 在之前进水量的基础上增加水量。

(10) 操作人员应时刻观察进蒸汽的压力和进纯化水的流量，确保这两项参数满足设备的额定指标。

(11) 如果蒸馏水出水温度低于 92 ℃或出水电导率＞1 S/m，操作人员应手动切换蒸馏水出水管路，使不合格蒸馏水由不合格水出口排出。

3. 关机

(1) 关闭进蒸汽的手动阀门。

(2) 约 1 min 后关闭多级泵，关闭阀 V1。

(3) 打开各蒸发器底部的排水阀，关机完毕。

四、半自动操作步骤

列管蒸馏水机的半自动操作步骤与手动操作步骤基本相同，但有以下区别：泵的启动需要在设备面板上操作，蒸馏水的合格与否不需操作人员手动检测。设备面板上的温度表和电导率表会根据各自的传感器判断在线检测值是否合格，并通过各自的继电器点控制出蒸馏水口的两位三通阀自动切换。

五、常见故障及排除方法

多效蒸馏水机的常见故障及排除方法见表1－8。

表1－8　多效蒸馏水机的常见故障及排除方法

项目	故障现象	故障原因	排除方法
手动控制	产量偏低	一效蒸发器进汽压力偏低	调节进汽压力至正常值0.3 MPa
		进料水少	调节进料水至正常进水量
		一效蒸发器凝水排放不畅	使一效蒸发器凝水排放畅通
		设备结垢	对于使用时间很长的设备结垢问题在厂家及专业处理人员到达前应采取以下两项措施： (1) 适当减少进纯化水量 (2) 适当提高进汽压力
		五效蒸发器底部排浓缩水不畅	确保五效蒸发器底部排浓缩水畅通
		锅炉蒸汽含水量高	加分汽缸去除远端锅炉管道里的凝水使进入设备的蒸汽为饱和干蒸汽
	水质不合格	启动时间过短	关闭设备并排放掉设备内存水后，重新按照规定时间开启设备
		上次关机后存水没放净	关闭设备并排放掉设备内存水后，重新按照规定时间开启设备
		设备由于各种原因解体后重新组装	设备在正常条件下连续运行进行冲刷直到出水合格
		一效蒸发器进汽压力偏低	调节进汽压力至正常值0.3 MPa
		一效蒸发器凝水排放不畅	使一效蒸发器凝水排放畅通
	水质不稳定	蒸汽压力不稳	保持蒸汽压力稳定
		进料水流量不稳	保持进料水流量稳定
自动控制	自动控制异常	现场供电不稳或有突然断电、突然供电等多种原因	迅速联系厂家派专业人员进行维护（参照说明书中关于自动控制部分）

六、设备维护

(1) 定期检查各管路接口，如果发生泄漏应停机重新紧固连接或更换密封垫圈。

(2) 定期检查各线路，如有异常应及时更换破损、老化的电线和气管，以确保电路不出现断路、缺相、缺气，从而避免人身事故和设备运行事故的发生。

(3) 设备在正常运行过程中，每班操作者交接班时，应对设备外表面发现的水花、灰尘和杂质随时清除擦拭，用柔软的清洁布或优质卫生纸，顺板纹理擦拭(若不擦拭，设备产生的热量会导致蓄积在设备外表面的水花、灰尘和杂质结垢，难以清理)。

(4) 定期检查控制箱内电器及各阀门、仪表、水泵运行情况是否良好，出现异常应及时停机检修。

(5) 定期检查各控制机构的开启/关闭使用状况，出现异常或泄漏应及时维护或更换。

进度考核评定

◇ 进度考核题目

一、简答题

1. 简述 LD500－5 型多效蒸馏水机系统的组成。
2. 简述 LD500－5 型多效蒸馏水机的操作过程。
3. 简述 LD500－5 型多效蒸馏水机的维护过程。

二、实际操作题

制取蒸馏水，并维护 LD500－5 型多效蒸馏水机。

◇ 进度考核评定标准

进度考核评定标准见表 1－9。

表 1－9　进度考核评定标准

编号	考核内容	分值	得分
1	认识制取蒸馏水设备的结构，熟悉工作过程	40	
2	能正确操作多效蒸馏水设备	25	
3	能正确维护多效蒸馏水设备	25	
4	保证安全	10	
合　计		100	

项目二 超声波洗瓶机

任务一 安瓿超声波洗瓶机

学习目标

1. 能正确操作安瓿超声波洗瓶机。
2. 能正确维护维修安瓿超声波洗瓶机。

所需设备和工具

所需设备和工具见表 2－1。

表 2－1 所需设备和工具

名称	规格	单位	数量
安瓿超声波洗瓶机	ACQ－Ⅱ型	台	1
维护维修工具箱		个	1

一、设备概述

ACQ－Ⅱ型安瓿超声波洗瓶机具有以下特点。

(1) 多规格、多用途，且可靠的盘式定位能保证清洗过程低破损。通过更换针板和专用瓶盘，能迅速更换规格和品种。

(2) 清洗质量好。在采用超声波预处理的基础上进行倒置，针管插入式的水气交替内冲洗及外壁淋洗，可以有效去除残留物。

(3) 采用人机界面对话及可编程控制器(PLC)程序控制、全气动传动。PLC 能调节清洗周期及参数(冲洗次数、分配时间)，满足不同工艺需要。

(4) 结构简单，操作、维修及管理容易。

(5) 符合《药品生产质量管理规范(2010 年修订)》(GMP)和验证的要求。

二、主要技术参数

安瓿超声波洗瓶机的主要技术参数见表 2－2。

表 2－2 安瓿超声洗瓶机的主要技术参数

参数名称	参数
生产量	20 000 瓶/h(1～2 mL 安瓿)
	12 000 瓶/h(5 mL 安瓿)
	10 000 瓶/h(10 mL 安瓿)
	7 000 瓶/h(20 mL 安瓿)

（续表）

参数名称	参数
装机容量	3 kW，380 V，50 Hz（其中超声波功率 1 kW，工作频率 27 kHz）
耗水量	8 L/盘（0.3～0.4 MPa；约 50 ℃；以 2 mL 安瓿计）
耗气量（除油净化）	1.2 m^3/h（0.35～0.45 MPa）
破损率	≤1%（1 mL 安瓿≤1.5%）
外形尺寸	约 3 350 mm×700 mm×1 700 mm（长×宽×高）
质量	约 2 000 kg（包括翻盘、脱盖）

三、工作原理

安瓿超声波洗瓶机以瓶盘为载体来进行安瓿的清洗工作，瓶盘（图 2－1）由盖板和底盘组成。底盘的底为不锈钢丝网，盖板使盘内安瓿分隔定位。安瓿从纸盒放入瓶盘的分装工作，由专用盘过渡，分装十分方便。

瓶盘（盘内安瓿呈直立状）由操作工人从进口通道送入升降架，经摆动喷淋器（图 2－2）喷淋，待瓶灌满水后下降浸于超声波洗槽中，再由推盘气缸（1）（图 2－3）从升降架轨道中把瓶盘送入超声波清洗区域，之后推盘气缸（1）、升降架各自复位。

超声波清洗区域设置上下换能器，使安瓿处于有效的清洗区，当第三个循环开始后，瓶盘开始按序（盘推盘）把经超声波清洗的瓶盘推入翻盘工位（图 2－4）及外清洗工位。

图 2－1　瓶盘

图 2－2　摆动喷淋器

图 2－3　推盘气缸（1）

图 2－4　翻盘工位

翻盘工位及外清洗工位，通过翻盘气缸使瓶盘翻转 180°，瓶盘从水槽中移出，又使安瓿呈倒置状，为下一工位针管插入冲洗创造条件。同时，瓶盘接受喷淋器外壁清洗，清洗完毕后由推盘气缸(2)(图 2-5)将其送至水气冲洗工位(图 2-6)，随后翻盘气缸复位。

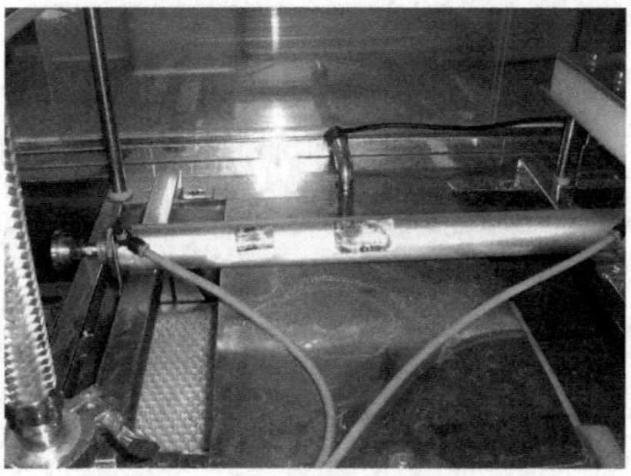
图 2-5　推盘气缸(2)

图 2-6　水气冲洗工位

水气冲洗工位是借助于对位气缸，使到位瓶盘下降，瓶口对准针板锥形孔，而针板的圆引导孔使针管顺利插入安瓿内，并完成多次内壁水气交替冲洗，喷针的插入和退出由升降气缸执行，针板内的锥形孔和圆孔处于同一中心线上。

水气冲洗结束后，对位气缸复位再呈接盘状态。

当推盘气缸(2)再次按序(盘推盘)把经水气清洗后的瓶盘送入残余水吹净工位(图 2-7)，此工位工作原理与前工位基本相同，但其仅用压缩空气把瓶内残余水吹净。工序完成后瓶盘从该工位中按序(盘推盘)推出，如该机参与联动线生产，由人工换成另一盘子送入链条式隧道灭菌烘箱。

图 2-7　残余水吹净工位和定位气缸

为使水气冲洗、残余水吹净两工位的喷针对准瓶口中心，二者各设置了定位气缸(1)、定位气缸(2)、定位气缸(3)，以准确定位瓶盘位置，确保瓶口不破损。

为保证清洗操作顺利进行，该机设有常见故障自动显示功能(参阅人机界面操作内容)。当出现故障停机时，该机能显示故障内容和检查点，以便及时、准确排除故障，恢复正常运行。

为使超声波水槽中的瓶盘不发生位移，进入翻盘及外洗工位前的瓶盘设置了锁定装置(定位气缸控制)。

四、安装与调试

(1) 洗瓶机入室。

(2) 洗瓶机入室前地坪施工必须完成，洗瓶机附近要设置封闭式地漏以便排水，洗瓶机无需专用基础。待室内净化工程初告段落，室内环境清洁后才能拆箱，检查后进行定位。

(3) 按洗瓶机外部接口示意图要求的位置连接清洗水进口管道、排湿热空气管道、排水管道及电控箱电源入线。

(4) 试车前必须对水气供应系统的管路、喷淋头、喷射针管部分进行彻底清洗，并做好其他清洗工作。

（5）调试工作由供方派人员负责，用户应配备有关人员协助，调试过程中供方人员负责指导和培训。

五、操作

（一）准备

（1）操作前检查电源、水源、气源是否到位及达标，水槽各排水阀是否处于关闭状态。在电气操作面板上确认洗瓶机是否处在单机运行状态（如连接 XCQ－VI 型洗瓶机使用，应处于双机联动状态）。

（2）开启总电源。钥匙开关旋向送电位置，人机界面显示屏显示操作菜单画面（以走马灯形式）（图 2－8）。

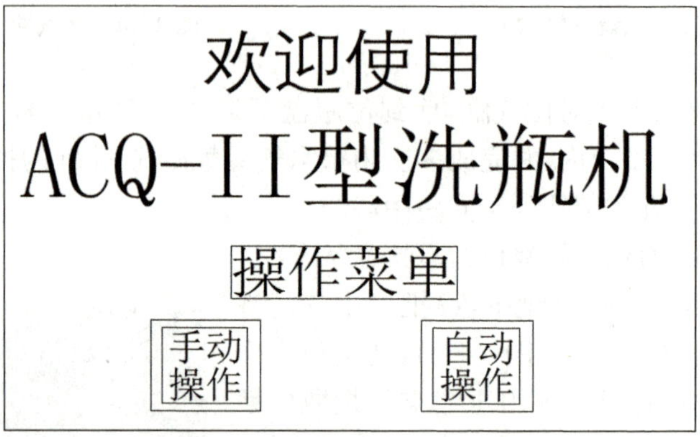

图 2－8　操作菜单画面（以走马灯形式）

（3）开启新鲜水水源阀，向水箱放水至一定水位时，箱内浮球阀自动关闭进水（水位下降则自动开启）。

（4）开启水箱排水阀。启动清水泵，旋开水箱出口过滤器顶部排水阀排水，当出水后旋闭。

（5）在操作菜单画面中按“手动操作”键，画面暂时切换至手动操作画面（1）（图 2－9），在画面（1）中按“手动进入”键进入手动操作状态。为向水槽加水，在手动操作画面（2）（图 2－10）中按“水冲”键打开电磁阀。新鲜水则通过清洗喷针向各水槽加水，当水位到达超声波水槽的溢流口时，再按“水冲”键停止加水操作。先后按“手动退出”键和“前屏”键回复至操作菜单画面。

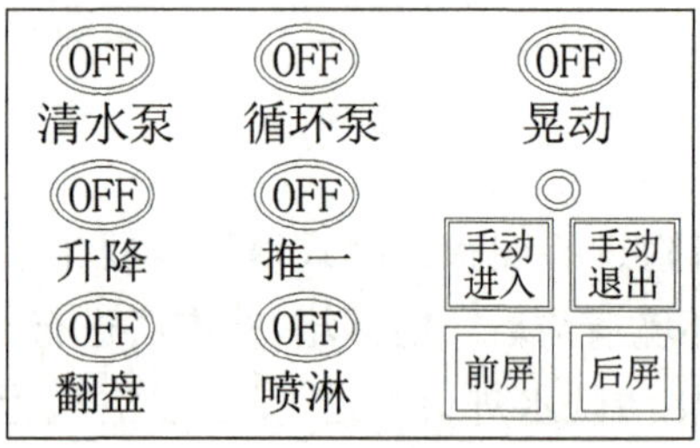

图 2－9　手动操作画面（1）

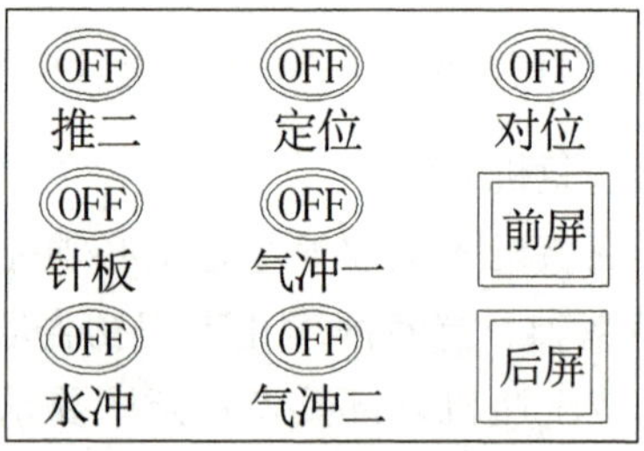

图 2－10　手动操作画面（2）

（二）操作流程

1. 自动操作（日常生产操作）

（1）在操作菜单画面中按“自动操作”键，画面切换至自动操作画面（图2-11）。

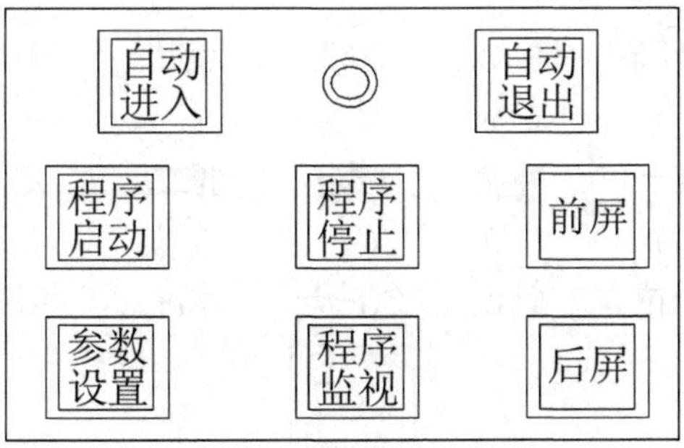

图2-11 自动操作画面

（2）按“参数设置”键，画面切换至参数调整画面（图2-12）。

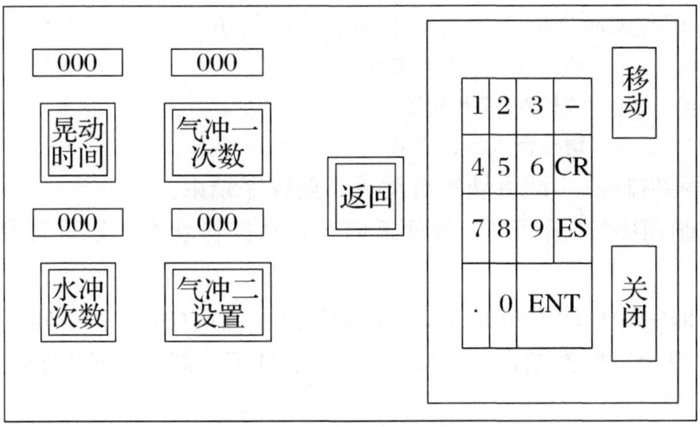

图2-12 参数调整画面

（3）在参数设置画面中按某一参数键后，立即弹出数字输入窗口（叠加在参数调整画面上），如弹出位置不妥时，可按“移动”键，并用手指在参数设置画面的适当位置点击，窗口即可移至点击位置。

（4）在数字输入窗口中按工艺要求设置（或修改）参数值，当确认无误后按“ENT”键把数字打入数值框内。在完成各参数设置后，按“关闭”键，输入窗口消失[在输入中如数字有误，可用“CR”键（全清）或“ES”键（前清一位）给予清除，再重新输入即可]。

（5）本机的出厂参数已设定，如符合清洗工艺要求，用户可不必进行参数调整操作。

（6）在参数设置画面中按“返回”键，画面回复至自动操作画面。

（7）把欲清洗的瓶盘，从瓶盘入口处推入升降架内准备接受清洗。

（8）在自动操作画面中按“自动进入”键，右旁的指示灯亮，显示已进入自动操作状态。

（9）进入自动操作状态后，按“程序启动”键。此后由PLC执行自动清洗程序。为了提高洗瓶机的生产能力，在当前盘完成若干程序后，触摸屏下方的进瓶信号灯亮，表示可允许推入下一个欲清洗瓶盘，然后按“程序启动”键。此后，在继续完成前盘的清洗程序的同时又开始了下一个瓶盘的清洗。

(10) 如查看程序运行状态，可按“程序监视”键，画面切换至监视画面(图 2－13)。

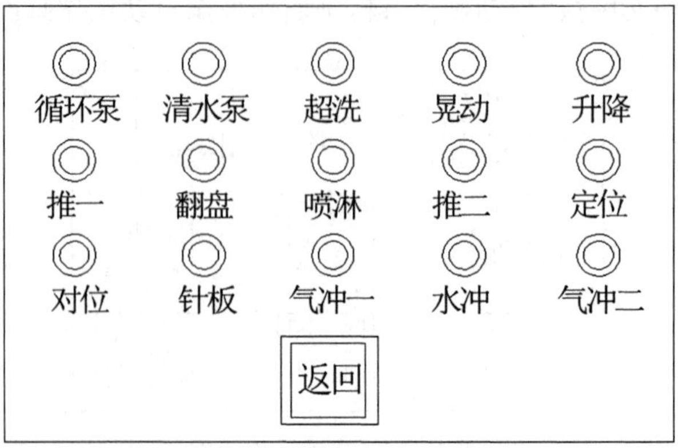

图 2－13　监视画面

监视画面除能动态显示正常的程序外，还能以走马灯形式显示故障内容和检查点。一旦发生停机故障，在监视画面的下方显示下列的故障指示。

推一不动作	请检查 X5 和 X6 传感器
翻盘不动作	请检查 X7 传感器
推二不动作	请检查 X10 传感器

以上故障在得到排除后，即可恢复自动运行至程序结束。

(11) 在监视画面中按“返回”键，画面返回至自动操作状态。以进行瓶盘的连续清洗生产(操作类同)。

(12) 当需立即中断自动程序操作，应按自动操作画面中的“程序停止”键，以结束程序执行。再按“自动退出”键，撤销自动操作状态，指示灯灭。灯灭后按“前屏”键可使画面切换至操作菜单画面。

2. 手动操作(调试)

(1) 在操作菜单画面中按“手动操作”键，画面切换至手动操作画面(1)(图 2－9)。

(2) 在手动操作画面(1)中先按“手动进入”键，进入手动操作状态，再根据实际调试需要按其中某一功能键，同时该键发亮以示进行某功能调试。如欲返回功能的初始状态，则复按该功能键，灯灭即可。

(3) 在显示手动操作画面(1)的条件下按“后屏”键，画面切换至手动操作画面(2)(图 2－10)。

(4) 手动操作画面(2)与手动操作画面(1)共同组成全部调试内容，其操作方法相同。前述操作准备阶段中，必须首先进入手动操作画面(1)并按“手动进入”键。在进入手动操作状态后，按“清水泵”键启动清水泵，在手动操作画面(2)中按“水冲”键打开电磁阀，这样喷针才能向水槽加水。全部调试内容结束后，必须先按“手动退出”键，再按“前屏”键，使画面返回至操作菜单画面。

3. 结束

(1) 从自动操作画面中按“自动退出”键，指示灯灭。结束生产操作，继续按“前屏”键切换至操作菜单画面。

(2) 关闭水箱排水阀，打开各水槽排水阀排水，待设备清洗完成后关闭排水阀。
(3) 把钥匙开关旋回断电位置，人机界面显示屏灭。
(4) 关闭总电源，关闭水源、气源阀。

六、品种规格的更换

如更换另一品种规格进行生产，可按以下步骤操作。
(1) 更换与该品种规格匹配的专用瓶盘。
(2) 更换与该品种规格匹配的针管、针板、压板、瞄准板及底板零件，并分别进行组装。
(3) 调整外壁喷淋器、摆动喷淋器及定位气缸(1)、(2)、(3)通道等的高度。
(4) 按工艺要求，调整 PLC 清洗周期等参数。

七、维护与保养

(1) 每次启用时，首先进行手动操作、自动操作的程序检查，如正常后才能投入生产。

(2) 气动及电气元件应经常检查，对损坏的元器件要及时更换或修复。仪表要按规格定时间送检、校正。

(3) 当过滤器出口压力下降至表压 0.1 MPa 时，必须更换滤芯。水质检验可在过滤器出口弯头排放阀处取样。

(4) 设备各部件的常见故障、产生原因及排除方法见表 2-3 至表 2-5。

表 2-3 针板的常见故障、产生原因及排除方法

故障现象	产生原因	排除方法
针板断针	动作受阻损坏	排除故障更换喷针

表 2-4 二位五通电磁阀的常见故障、产生原因及排除方法

故障现象	产生原因	排除方法
通电后阀无动作	电线接触不良；线圈烧毁；导杆卡死	检查接线情况；更换线圈；清洗导阀通道
断电后不能复位	密封圈损坏；导杆运动不灵敏	更换密封圈；拆卸清洗，加润滑油

表 2-5 各种气缸的常见故障、产生原因及排除方法

故障现象	产生原因	排除方法
缸筒内面	浅线状的拉伤伤痕或点状伤痕	可用极细纱纸或油石修整后连续使用
	纵向拉伤深痕	调换气缸
活塞杆的滑动面	浅线状的拉伤伤痕或点状伤痕	同缸筒处理方法
	镀铬层的一部分产生剥离，呈纵向深痕	剥去旧镀铬层后重镀或更换
密封	因唇边挤出而断裂或唇边磨损过度	更换新密封件
活塞导向套内面	不均匀磨损的深度≥0.5 mm 时	更换新导向套

进度考核评定

◇进度考核题目

一、简答题

1. 简述安瓿超声波洗瓶机的组成。
2. 简述安瓿超声波洗瓶机的操作过程。
3. 简述安瓿超声波洗瓶机的维护维修过程。

二、实际操作题

按要求操作并维护维修安瓿超声洗瓶机。

◇进度考核评定标准

进度考核评定标准见表2-6。

表2-6　进度考核评定标准

编号	考核内容	分值	得分
1	认识安瓿超声波洗瓶机的结构，熟悉工作过程	30	
2	能正确操作安瓿超声波洗瓶机	30	
3	能正确维护维修安瓿超声波洗瓶机	30	
4	保证安全和场地整洁	10	
合　计		100	

任务二　立式超声波自动洗瓶机

学习目标

1. 能正确操作 KCQ60 型立式超声波自动洗瓶机。
2. 能正确维护维修 KCQ60 型立式超声波自动洗瓶机。

所需设备和工具

所需设备和工具见表 2－7。

表 2－7　所需设备和工具

名称	规格	单位	数量
立式超声波自动洗瓶机	KCQ60 型	台	1
维护维修工具箱		个	1

一、结构特征与工作原理

KCQ60 型立式超声波自动洗瓶机利用超声波的“空化”作用产生强大的机械力将瓶子上的污垢剥离下来，不仅能达到清洗的目的，还能对瓶内外附着的各种微生物，包括肠杆菌及类似病菌产生破坏作用，从而实现了洗净、消毒、灭菌的效果。采用螺杆进瓶，在回转机构内由机械手将瓶子夹持自动翻转 180°使瓶口向下，针头插入瓶内进行“二水、四气”冲洗和吹干，同时对瓶内、外壁进行强力喷淋清洗后吹干，再翻转 180°后出瓶，完成清洗工作。

KCQ60 型立式超声波自动洗瓶机主要由电气控制组、水箱组、大转盘组、冲水冲气组、出瓶组、绞龙提升组、进瓶网带组等组成(图 2－14)。

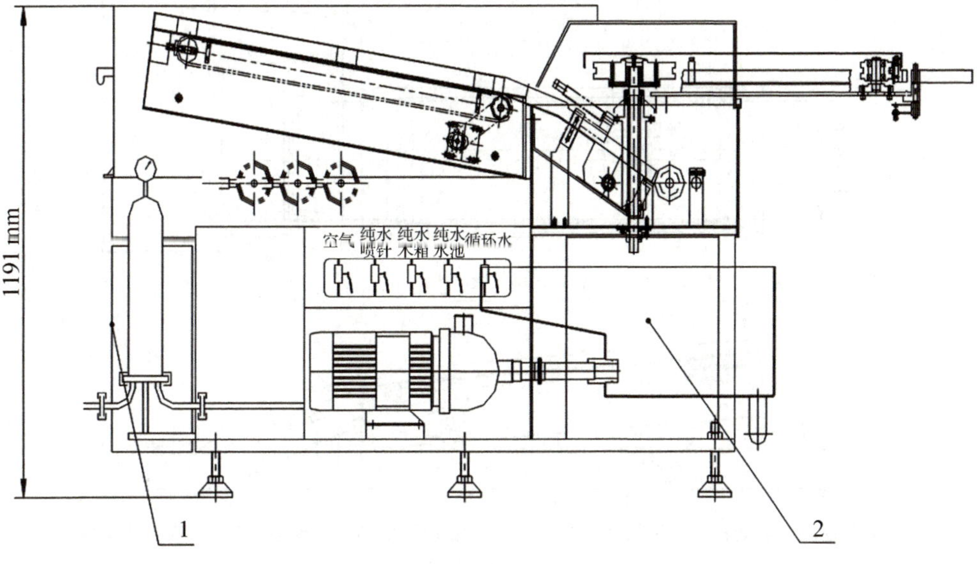

(a)

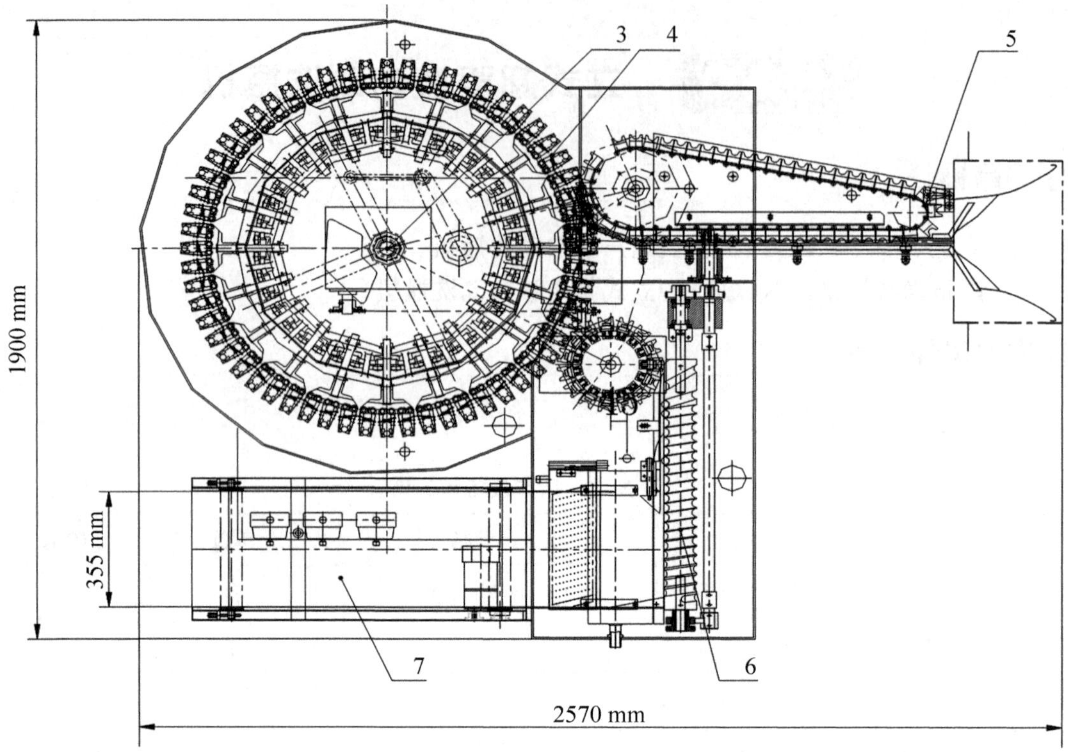

（b）

1. 电气控制组；2. 水箱组；3. 大转盘组；4. 冲水冲气组；
5. 出瓶组；6. 绞龙提升组；7. 进瓶网带组。

图 2－14　KCQ60 型立式超声波自动洗瓶机结构

（一）进瓶网带组

1. 进瓶网带组的组成

进瓶网带组的结构如图 2－15 所示。

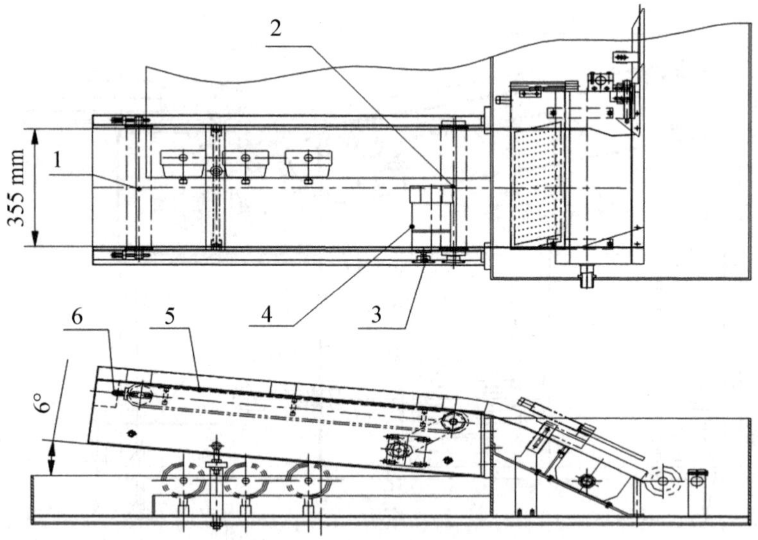

1. 被动轮；2. 主动轮；3. 链条及链轮；4. 网带输送电机；5. 不锈钢网带；6. 网带调整螺丝。

图 2－15　进瓶网带组的结构

2. 进瓶网带组的工作原理

瓶拆包后，人工将瓶子由进瓶口送入进瓶网带内后，通过网带带动，将瓶子规则地推入绞龙内，瓶子经喷淋座灌满水，再经超声波粗洗后逐个进入绞龙。

3. 进瓶网带组的调整

设备运行到一定时期后，由于机械的拉力作用，不锈钢网带会拉长，故需要调整网带。调整方法：卸下网带的两侧护板，调整被动轮两端的调整螺丝，调整网带松紧到适当长度后，拧紧锁紧螺帽，安装好护板。

（二）绞龙提升组

1. 绞龙提升组的组成

绞龙提升组的结构如图 2－16 所示。

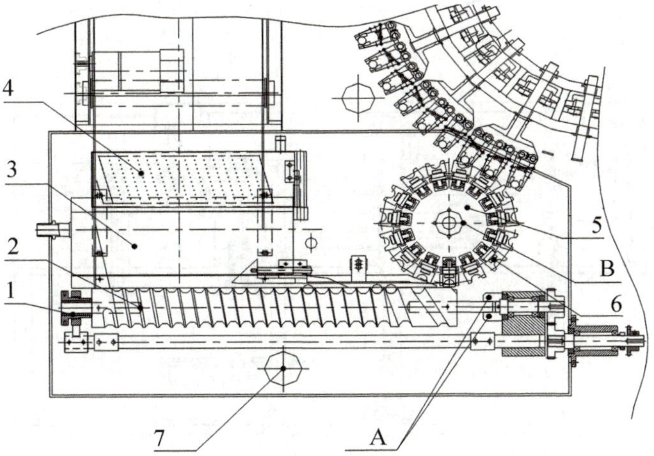

1. 轴瓦；2. 绞龙；3. 超声波发生器；4. 喷淋座；5. 提升轮体压板；6. 提升拨块；7. 排水口。

图 2－16　绞龙提升组的结构

2. 绞龙提升组的工作原理

网带带动待清洗瓶子从喷淋座下通过，喷淋座会将每个瓶子灌满水；瓶子经过超声波发生器时，超声波的“空化”作用产生的强大机械力将瓶子上的污垢剥离下来，并对瓶内外附着的各种微生物，如肠杆菌及类似病菌产生破坏作用，达到超声波粗洗的目的；再通过绞龙将瓶子逐个送入提升轮体，提升后进入下一道工序。

3. 绞龙及提升拨块的更换

洗瓶机可清洗不同规格的玻璃瓶子，在清洗不同规格瓶子时，需更换少量的规格件以达到要求。

(1) 绞龙的更换：拧松图 2－16 中的螺钉 A，将轴瓦向左拧松一定距离后，绞龙可向左退出，更换绞龙后，按与拆卸相反顺序依次进行安装。

(2) 提升拨块的更换：卸下提升轮体压板上螺钉 B(共 4 个)，取下提升轮体压板，手动盘车将提升拨块组从提升凸轮上的开口处一一取下，并拆下尼龙拨块。换上待清洗的瓶子拨块后，按与拆卸相反顺序依次进行安装。

（三）大转盘组

1. 大转盘组的组成

大转盘组由翻转凸轮及夹头、回旋水槽、主立轴、传动立轴等部分组成(图 2－17)。

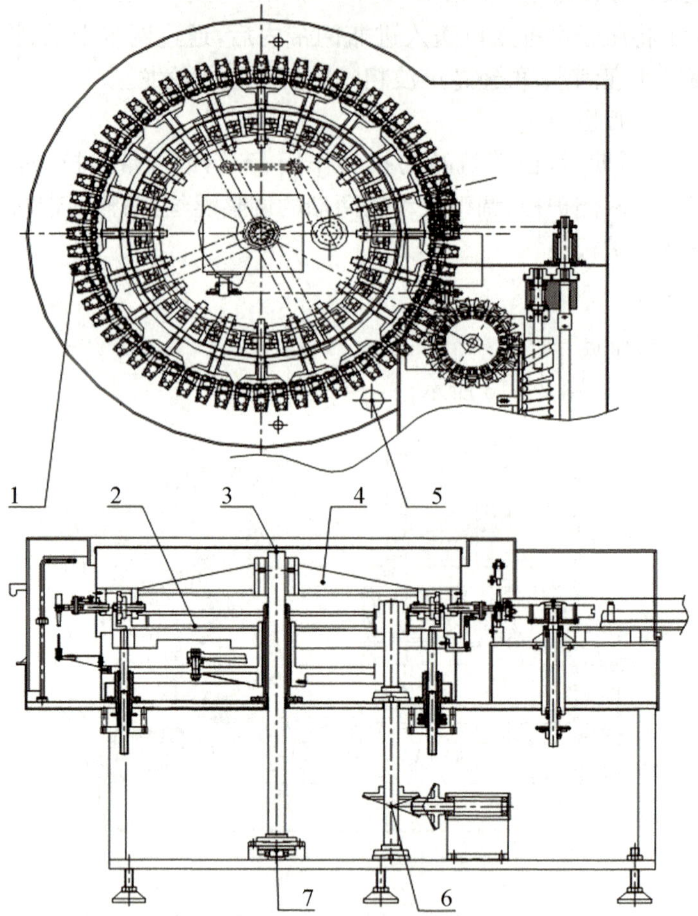

1. 翻瓶凸轮及夹头；2. 回旋水槽；3. 主立轴；
4. 大转盘；5. 排水口；6. 传动立轴；7. 轴承座。

图 2-17　大转盘组的结构

2. 大转盘组的工作原理

主立轴：主要用来支撑大转盘，其作用是固定大转盘的中心位置及冲水冲气针头架的中心位置。

回旋水槽：下水箱可收集回旋水槽内的清洗水，通过循环泵使回收水经过滤器回到超声波水槽内，对水进行再利用。

翻转凸轮及夹头：用来将提升上来的瓶子翻转 180°，使瓶口朝下，经过“二水、四气”逐个反复强力冲洗。

传动立轴：通过立轴上的齿轮带动大转盘而设立。这种传动克服了蜗轮减速机易磨损、晃动大、小瓶口难以对准针头插入等缺点。

二、界面

（一）操作流程图

操作流程如图 2-18 所示。

（二）主界面

主界面(图 2－19)主要用于系统工作状态的选择。

(1) 触摸“自动运行”键,进入自动运行界面。

(2) 触摸“设备调试”键,进入设备调试界面。

(3) 触摸“参数设置”键,进入参数设置界面。

(4) 触摸“点动调试”键,进入点动调试界面。

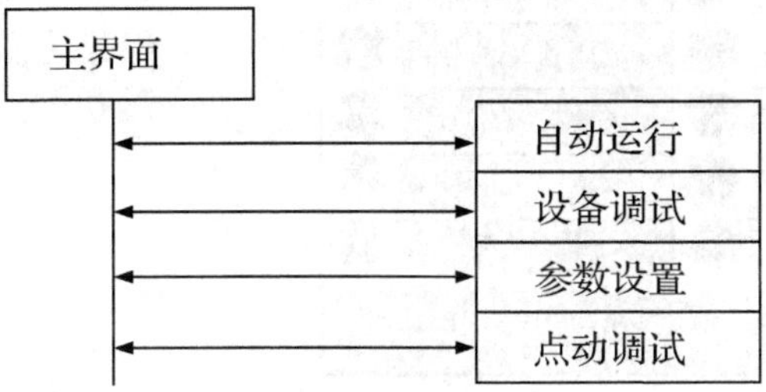

图 2－18　操作流程

图 2－19　主界面

（三）自动运行

在主界面中触摸“自动运行”键,进入自动运行界面(图 2－20),用于在自动运行条件下对系统工作状态进行监控及工作参数的设定。

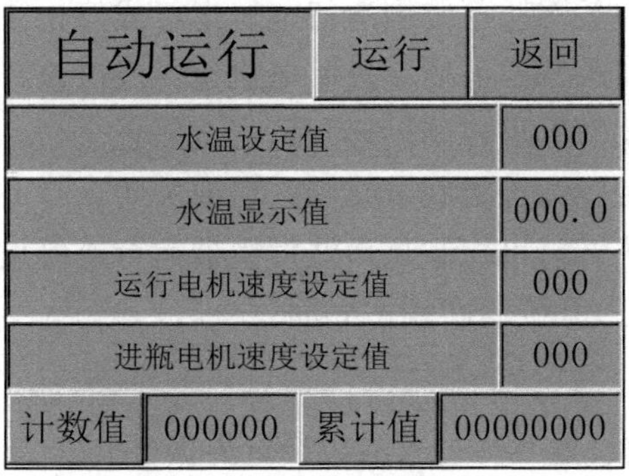

图 2－20　自动运行界面

(1) 水温设定值:用于设备工作水温的设定。触摸其数值显示区,弹出小键盘,输入合适的数值后,按“回车”键即完成水温参数的设定。

(2) 水温显示值:显示系统的工作水温。

(3) 运行电机速度设定值:用于设定运行电机的转速。触摸其数值显示区,弹出小键盘,输入合适的数值后,按“回车”键即完成参数的设定。

(4) 进瓶电机速度设定值:用于设定进瓶电机的转速。触摸其数值显示区,弹出小键盘,输入合适的数值后,按“回车”键即完成参数的设定。

(5) 计数值:记录本次计数的生产数量。触摸“计数值”按键,可对计数值清零。

(6) 累计值:累计历次计数的生产数量。触摸“累计值”按键,可对计数值和累计值同时清零。

（7）触摸“运行/停止”键，可控制系统自动运行或停止。

（8）触摸“返回”键，系统返回到主界面。

（四）设备调试

在主界面中触摸“设备调试”键，进入设备调试界面（图 2－21），用于在手动条件下对传感器、电机、电磁阀等进行调试。

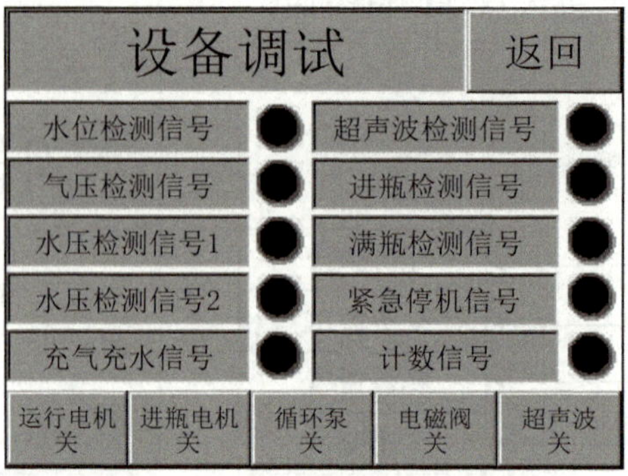

图 2－21　设备调试界面

（1）传感器信号调试：系统共使用 9 个传感器，分别用于检测水位、气压、水压（1 和 2）、充气充水、超声波、进瓶、满瓶和计数。调整传感器位置时，观察对应的指示灯，若传感器检测有效，指示灯将亮起。

（2）紧急停机信号调试：闭合紧急停机开关，该指示灯亮。

（3）触摸“运行电机开/关”键，可控制运行电机运行或停止。

（4）触摸“进瓶电机开/关”键，可控制进瓶电机运行或停止。

（5）触摸“循环泵开/关”键，可控制循环泵运行或停止。

（6）触摸“电磁阀开/关”键，可控制电磁阀开启或关闭。

（7）触摸“超声波开/关”键，可控制超声波发生器运行或停止。

（8）触摸“返回”功能键，系统返回到主界面。

（五）参数设置

在主界面中触摸“参数设置”键，进入参数设置界面（图 2－22）。此界面用于设置系统的工作参数。

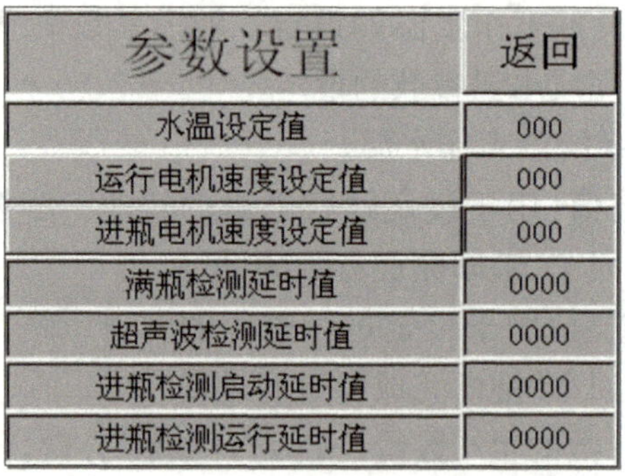

图 2－22　参数设置界面

(1) 水温设定值:用于设定设备的工作水温。

(2) 运行电机速度设定值:用于设定运行电机的速度。

(3) 进瓶电机速度设定值:用于设定进瓶电机的速度。

(4) 满瓶检测延时值:当出瓶口满瓶故障信号检测有效时间超过该延时值时,出现满瓶报警故障。

(5) 超声波检测延时值:正常自动工作情况下,超声波检测传感器持续检测不到超声波信号的时间超过该延时值时,出现超声波报警故障。

(6) 进瓶检测启动延时值:运行电机从停止状态到正常运转状态的时间值,运行电机进入正常运转状态后,此值无效。

(7) 进瓶检测运行延时值:运行电机正常运行时判定是否出现“缺瓶”的时间值。当两瓶顺序通过检测传感器的时间小于该值时,系统判定没有缺瓶;反之有缺瓶。缺瓶总延时值计算公式为

$$缺瓶总延时值=(启动延时值+运行延时值)\times 0.01$$

(8) 参数值设定方法:触摸其数值显示区,弹出小键盘,输入合适的数值后,按“回车”键即完成参数的设定。参数设置时间值单位:0.01 s。

(9) 触摸“返回”键,系统返回到主界面。

(六) 点动调试

在主界面触摸“点动调试”键,进入点动调试界面(图 2-23),用于手动点动调试。

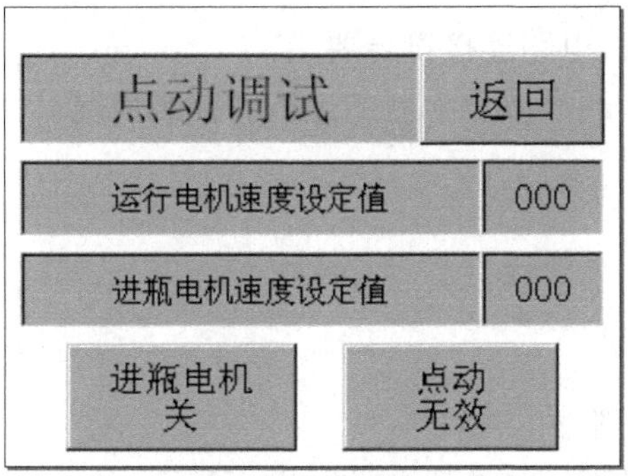

图 2-23 点动调试界面

(1) 运行电机速度设定值:用于设定运行电机的转速。触摸其数值显示区,弹出小键盘,输入合适的数值后,按“回车”键即完成参数的设定。

(2) 进瓶电机速度设定值:用于设定进瓶电机的转速。触摸其数值显示区,弹出小键盘,输入合适的数值后,按“回车”键即完成参数的设定。

(3) 触摸“进瓶电机开/关”键,可控制进瓶电机运行或停止。

(4) 触摸“点动有效/无效”开关键,可控制点动状态有效或无效。

(七) 故障说明

系统在自动运行状态下具有自动报警功能。当出现故障时,系统将停止运行并弹出报警窗口,排除故障后系统恢复自动运行。

(1) 当按下紧急停机开关时，系统弹出“紧急停机故障！”窗口（图 2－24），指示灯亮；复位紧急停机开关后，指示灯灭。触摸“继续运行”功能键，报警窗口消失，系统恢复自动运行。

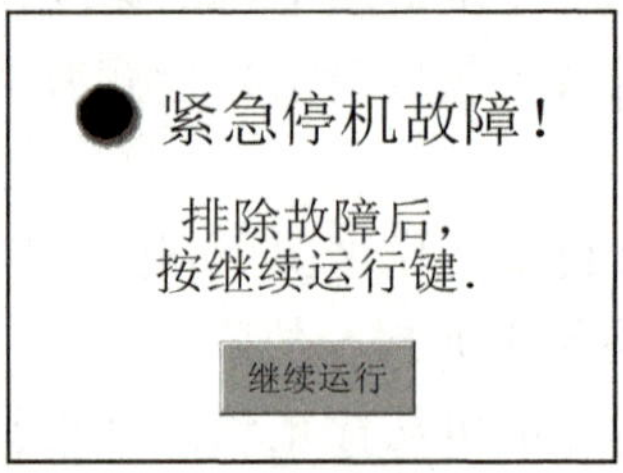

图 2－24 “紧急停机故障！”窗口

(2) 当系统出现气压太低、水位太低、水压 1 太低、水压 2 太低、出口满瓶、入口缺瓶、超声波故障、前门已开、后门已开等故障时，系统弹出相应的故障报警窗口，指示灯亮；当排除故障后，指示灯灭。触摸“继续运行”功能键，报警窗口消失，系统恢复自动运行。

三、使用与操作

（一）操作前准备

(1) 首次启动前，参照保养的有关说明，对所有需要润滑的部件加注润滑油，检查运动部件是否有障碍，启动前必须通过手轮使机器转动几周，才能通电运行。

(2) 检查瓶子是否与机器上配备的规格件相符，清洗瓶必须满足其相应的标准，并符合订货时提出的要求。

(3) 确认机器安装正确，电路连接符合要求。

(4) 检查超声波元件和超声波发生器的运行和控制情况。

(5) 发现问题及时排除。

（二）开机及停机操作

1. 开机操作

(1) 正常开机。

(2) 检查各部件是否正常。

(3) 盘车检查各机构是否运转灵活，夹瓶、出瓶是否到位。

(4) 打开水、气阀门，使洗瓶机注水。

(5) 待水位警示灯（图 2－25）灭后，开启循环泵，使其工作。

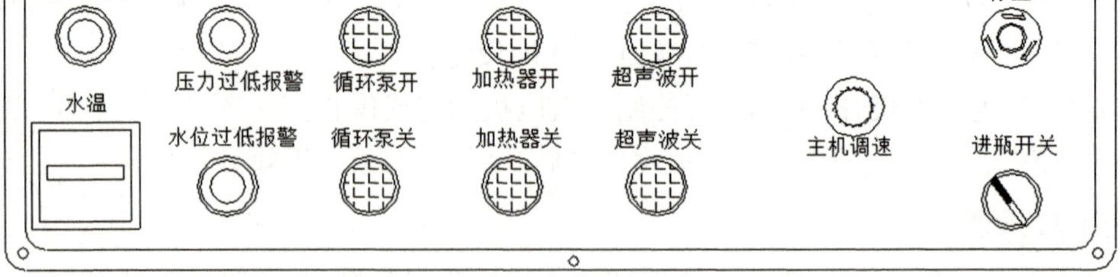

图 2－25 警示灯显示面板

(6) 低速点动测试机器的运转方向及灵活性。

(7) 再用少量空瓶试一次，使之能顺利完成所有工序。

(8) 打开水、气阀门，待水位及压力正常后，开启循环泵，检查喷水、喷气针头是否通畅。

(9) 一切正常后，把需清洗的瓶子排满进瓶网带，按主按钮，打开进瓶开关使网带运转。

(10) 开启加热器及超声波。

(11) 开启主电机，低速运转 5～10 min 后，调整至所需速度，使之正常生产。

2. 停机操作

(1) 按下主电机变频器按钮，使主电机速度下降至停车。

(2) 旋转送瓶网带电机旋钮使速度下降。

(3) 关闭循环泵、加热器、超声波发生器。

(4) 关闭主电源开关。

(5) 将机器外部的污迹、水擦干净。

四、维护与保养

(一) 维修保养间隔期

(1) 维修保养类别：维修保养分为小修、大修和保养。

(2) 维修保养间隔期见表 2-8。

表 2-8　维修保养间隔期

类别	小修	大修	保养
间隔期	240 h	4 750～5 000 h	日常

(3) 在维修保养间隔期内，依据状态监测发现的问题，立即进行针对性处理。根据检修内容确定此次检修类别，以此确定下次检修间隔期。

(二) 检修内容

1. 小修

(1) 检查并紧固各部松动的螺栓。

(2) 检查并修理各管路接头的泄漏处。

(3) 检查系统各密封件密封情况。

(4) 检查各种阀门，必要时修理。

(5) 检查并清洁水和气的过滤器。

(6) 检查检定设备、显示仪、压力表等。

(7) 检查修理自动控制系统、连线接头和仪表等部分。

(8) 检查循环泵的运行情况。

(9) 检查超声波元件和超声波发生器运行和控制情况。

(10) 检查电机的使用状况和机架内传动机构。

(11) 检查进瓶网带、绞龙及提升轮体的运行情况。

(12) 检查机械手弹簧受损情况及出瓶链拨块受损情况。

(13) 调整各传动机构及凸轮位置。

2. 大修

(1) 包括小修内容。

(2) 更换各控制阀等易损件。

(3) 校正各水、气压力表。

(4) 检查进瓶网带上的电机及轴承磨损情况。

(5) 清洗超声波粗洗水槽及绞龙轴瓦、轴承磨损情况。

(6) 检查翻转凸轮的磨损情况。

(7) 检查电动或气动元件,必要时修理或更换。

(8) 检查及更换水和气的过滤器。

(9) 清除清洗水管路内壁的水垢。

(10) 更换喷嘴和密封件。

(11) 检修超声波换能器,以及检修循环水泵。

(12) 校验各种电动仪表、气动仪表及二次元件。

(13) 清洗和消毒水管路和气管路,并进行消毒灭菌验证。

(三) 检修前准备

1. 技术准备(量具、标准、图样等资料)

(1) 分析检修前 500 h 的机器运行记录及历次检修记录,了解设备缺陷、隐患等技术状况。

(2) 停机前对主要技术参数、性能进行预检,并记录。

(3) 制订检修方案。

2. 物资准备

(1) 按使用说明书要求准备需要的更换件及易损件。

(2) 准备密封材料和清洗液等消耗材料,以及备件和检修材料。

(3) 检测和修理工器具。

3. 安全技术准备

(1) 切断水源、电源、气源,待机器冷却后,排净各管路积水和积气。然后放置"禁止开启"标志牌。

(2) 清理检修工作现场。

(3) 若需要进入现场检修,必须穿无菌衣并对携带的检修工具消毒后,才能进入现场。

(四) 检修方法

1. 拆卸

(1) 拿掉洗瓶机上所有的玻璃护罩,放至安全地方,以防撞坏。

(2) 拆卸纯水、注射用水管路和气管路,喷淋管路,排泄管路及冲水冲气针头,并编号标记。

(3) 拆除进瓶网带,卸下喷淋座,拆除进瓶绞龙及提升轮体。

(4) 拆除出瓶链条。

(5) 拆除翻转凸轮及机械手部分,并编号标记。

(6) 拆除箱体内传动系统。

2. 除水垢

清洗水箱及喷淋管路的水垢,可采用化学方法清除。

3. 装配

装配按拆卸的相反程序进行。对于传动部分,须检查轴的机械密封,并在必要时更换。同时,应相应更换易损件及轴承。

(五)维修质量标准

1. 密封件

(1) 无毒、无味。

(2) 耐热性能不低于 120 ℃。

(3) 不脱落。

(4) 重新配的密封件不泄漏。

2. 轴承

各滚动轴承安装后,应保证各轴承的径向圆跳动量不大于 0.03 mm。

3. 齿轮

各传动齿轮传动精度为 8 级。

4. 控制、显示装置

(1) 控制系统能显示原有的功能。

(2) 更换的压力控制器的精度符合要求,误差应不大于±10%。

(3) 修、换的压力表灵敏可靠。

(4) 修、换的控制阀灵活、启闭可靠,关闭无泄漏。

5. 齿轮副

传动的齿轮副的接触精度应达到接触面积不小于 70%。

6. 喷水嘴

对装配的喷水嘴,其喷水应呈直线且无斜喷现象。喷水压力在无瓶时应使喷水高度大于 3 m。

7. 过滤器

调换的过滤器经泡点试验应符合相应标准。

8. 管路

经检修管路需进行消毒灭菌试验。

9. 超声波装置和循环水泵

超声波装置和循环水泵参照相应的维修保养标准操作程序(SOP)。

10. 整机

外表面平整、无划痕、损伤和锈蚀。

(六)试车

1. 试车前的准备

(1) 检查清洗后水质是否符合标准。

(2) 接通水、电、气源。

(3) 打开水、气等阀门。

（4）检查电动仪表、气动仪表的设定。

2. 试车

（1）按机器使用说明书程序开机。

（2）检查机器运行状态。

（3）机器运行平稳，无异常杂音。

（4）各密封、接头无泄漏。

（5）机器自动控制功能符合技术要求。

（6）各控制阀动作灵敏可靠。

（7）电动、气动测量控制仪表示值准确。

（8）机器稳定运行后，连续试车时间不少于 4 h，并持续检查，运行过程中应达到以上要求。

3. 负载试车

（1）工艺调整，负载试车时间为 48 h。

（2）设备生产能力符合设计要求。

（3）整机噪声不超过 75 dB(A)。

（4）经清洗后的瓶子应符合《中华人民共和国药典》(2025 年版)中不溶性粒子和澄明度要求。

（七）验收

检修质量符合要求，试车合格，检修及试车记录齐全，按规定办理验收手续，移交生产。

1. 清洗与保养

（1）按由上往下的原则将机器上剩余的容器及玻璃碴清除干净，应仔细清除进瓶网带、推瓶螺杆、出瓶分盘等地方的玻璃碴、灰尘及异物。

（2）清除有机玻璃罩上的残液及尘物。

（3）清除转盘内的玻璃碴等物。

（4）应每月进行一次润滑油脂加注。

（5）润滑油脂必须用带压力针的高压油枪加注。

（6）传动链条加注适量的机油。

（7）滚轮、凸轮槽加注适量的黄油。

（8）严格按照操作规程开机和停机，开机后 0.5 h 及停机前 0.5 h，应特别注意监视机器运转状态。

（9）经常检查整个系统有无泄漏。

（10）经常检查各控制系统、电气元件等的可靠性。

（11）机架内轴承采用脂润滑，每 1～2 年换一次。

（12）当过滤器水阻大于或等于规定阻力的 1 倍时，应拆下清洗或更换。

（13）经常检查超声波换能器和控制系统的运行状态。

（14）泵的保养参照相应说明书。

（15）经常检查机器是否有异常杂音。

2. 常见故障处理

设备的常见故障及排除方法见表 2－9。

表 2－9 设备的常见故障及排除方法

<table>
<tr><th colspan="2">故障现象</th><th>原因分析</th><th>排除方法</th></tr>
<tr><td colspan="2" rowspan="6">电动机无法启动</td><td>保险丝熔断，开关接线断开，电源电压过低</td><td>检查熔丝盒、开关线头，测量电源电压循序加以排除</td></tr>
<tr><td>进线断线</td><td>电表检测，排除故障</td></tr>
<tr><td>设备过载，连锁保护脱开</td><td>检查传动装置等</td></tr>
<tr><td>电气元件失灵</td><td>检查有关电气元件</td></tr>
<tr><td>贮水槽水未注满</td><td>将贮水槽内水注满</td></tr>
<tr><td>水、气压力不够</td><td>增加水、气压力，使其达到所需压力</td></tr>
<tr><td rowspan="9">倒瓶破瓶卡瓶</td><td rowspan="2">进瓶网带至推瓶螺杆处</td><td>网带未开启</td><td>开启进瓶网带</td></tr>
<tr><td>进瓶过桥板与推瓶螺杆间隙过大</td><td>调整过桥板至适当位置</td></tr>
<tr><td rowspan="2">推瓶螺杆与提升轮体处</td><td>推瓶螺杆与提升轮体间隙过大或过小</td><td>调整推瓶螺杆至适当位置</td></tr>
<tr><td>推瓶螺杆与提升轮体不同步</td><td>调整推瓶螺杆或提升轮体至适当位置</td></tr>
<tr><td>提升轮体与夹头处</td><td>推瓶螺杆与提升轮体不同步</td><td>调整推瓶螺杆或提升轮体至适当位置</td></tr>
<tr><td rowspan="2">夹头与冲水、冲气针头处</td><td>跟踪凸轮与转盘不同步</td><td>调整跟踪凸轮使其同步</td></tr>
<tr><td>针头出现偏差</td><td>校正针头</td></tr>
<tr><td rowspan="2">夹头与出瓶拨轮处</td><td>出瓶轨道变形</td><td>校正出瓶轨道</td></tr>
<tr><td>出瓶拨轮与夹头不同步</td><td>调整出瓶拨轮</td></tr>
<tr><td colspan="2" rowspan="4">瓶子清洗不干净</td><td>冲水、冲气针头堵塞</td><td>清洗或更换针头</td></tr>
<tr><td>瓶子有油污或难以冲洗的污垢</td><td>更换瓶子或经处理后再清洗</td></tr>
<tr><td>超声波未开启</td><td>开启超声波</td></tr>
<tr><td>水、气压力不够</td><td>检查压力表是否损坏</td></tr>
</table>

进度考核评定

◇进度考核题目

一、简答题

1. 简述 KCQ60 型立式超声波自动洗瓶机的组成。
2. 简述 KCQ60 型立式超声波自动洗瓶机的操作过程。
3. 简述 KCQ60 型立式超声波自动洗瓶机的维护维修过程。

二、实际操作题

按要求操作并维护维修 KCQ60 型立式超声波自动洗瓶机。

◇进度考核评定标准

进度考核评定标准见表2－10。

表2－10 进度考核评定标准

编号	考核内容	分值	得分
1	认识KCQ60型立式超声波自动洗瓶机的结构，熟悉工作过程	30	
2	能正确操作KCQ60型立式超声波自动洗瓶机	30	
3	能正确维护维修KCQ60型立式超声波自动洗瓶机	30	
4	保证安全和场地整洁	10	
合计		100	

项目三 隧道式烘箱

任务一 红外线链条隧道式烘箱

学习目标

1. 能正确操作红外线链条隧道式烘箱。
2. 能正确维护维修红外线链条隧道式烘箱。

所需设备和工具

所需设备和工具见表 3－1。

表 3－1 所需设备和工具

名称	规格	单位	数量
链条隧道式烘箱	GMSU－400C(4M)型	台	1
维护维修工具箱		个	1

一、设备概述

GMSU－400C(4M)型链条隧道式烘箱(以下简称烘箱)主要用于安瓿、管制西林瓶、模制西林瓶、输液瓶的干燥、灭菌和去热原。烘箱使瓶子处在 350 ℃的条件中，持续 3～5 min，以达到灭菌、干燥和去热原的工艺要求。

(一) 特点

(1) 适应性强：可以适用于多种剂型和规格的瓶子，并能满足不同产量的要求。

(2) 加热强度高：在加热段运行时，瓶子上方有镀金石英管、下方有不锈钢加热管，确保高强度辐射传热，确保瓶子温度达到 350 ℃以上。

(3) A 级层流保护好：烘箱前后设置 A 级层流保护，层流风机变频调速，风压、风量调节十分方便，前后层流有微压差表显示压差。

(4) 高效过滤器使用寿命长：由于烘箱采用先风后热的方案，在运行中高效过滤器一般情况下温度不超过 250 ℃。

(5) 网带在位清洗效果好：设有网带的在位清洗装置，确保网带的清洁。

(6) PLC 程序控制：触摸屏显示操作，从而提高了本机操作和控制的智能化水平。

(二) 工作环境要求

隧道烘箱安装在洗瓶间内，其环境按照 2010 版 GMP 要求应位于 D 级区域(也有安装在 C 级区域内，不设 D 级区域)。隧道烘箱的进口位于 D 级(或 C 级)区域，瓶子的出口位于

A 级区域。

二、主要技术参数

GMSU－400C(4M)型红外线链条隧道式烘箱主要技术参数见表 3－2。

表 3－2　GMSU－400C(4M)型红外线链条隧道式烘箱的主要技术参数

参数名称	参数
传送方式	两根链条宽 200 mm，瓶子装入瓶盘入烘箱
网带速度	无级变速 60～300 mm/min
层流净化等级	层流 A 级
安装功率	30 kW、50 Hz、380 V
外形尺寸	3 910 mm×1 220 mm×2 045 mm(长×宽×高)
质　量	约 2 200 kg

三、基本结构与工作原理

烘箱由上部的前后层流箱、电气箱，中部的预热区、高温灭菌区、冷却区连接成的箱体，以及传动装置和排风装置等组件组成。结构如图 3－1 至图 3－3 所示。

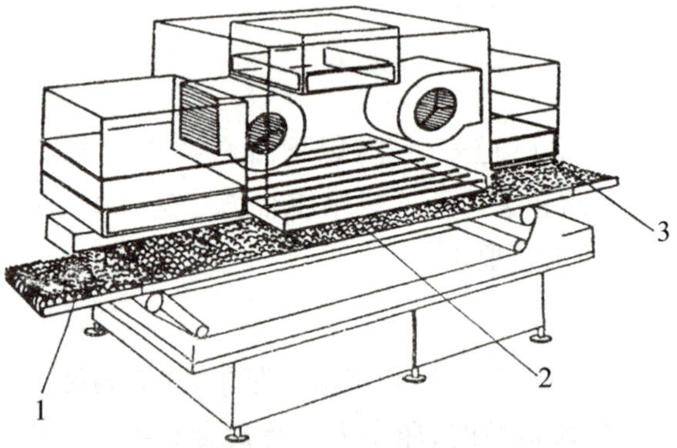

1. 预热区；2. 高温灭菌区；3. 冷却区。

图 3－1　烘箱的直观结构

前后层流箱中的风机，通过中效过滤器把室内空气吸入并送入高效过滤器过滤，以形成 A 级层流净化垂直层流，使清洗后的安瓿或抗生素瓶不受外界污染。后层流箱除起保护作用外，还起到了冷却的作用。在加热区域内，瓶盘的上部布置了一行电加热管，下部有不锈钢电加热管，具体分为预热区 3 根、高温灭菌区 9 根、冷却灭菌区 3 根。上部电加热管的功率均为 1.2 kW/根，下部电加热管的功率均为 1.5 kW/根。

穿越上下加热管的链条，由传送装置带动，速度可调。

排风装置在烘箱的底部，用户应在其排风口处配管引出并接过滤器。

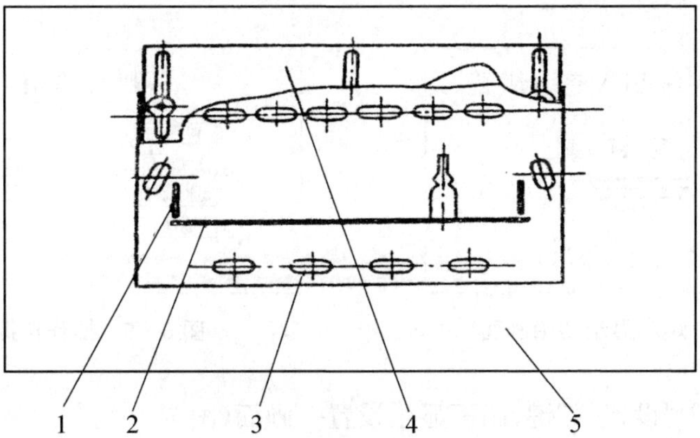

1. 垂直网段；2. 水平网段；3. 电热石英管；4. 冷却区隔层挡板；5. 隔热材料。

图 3-2　加热区域内部结构

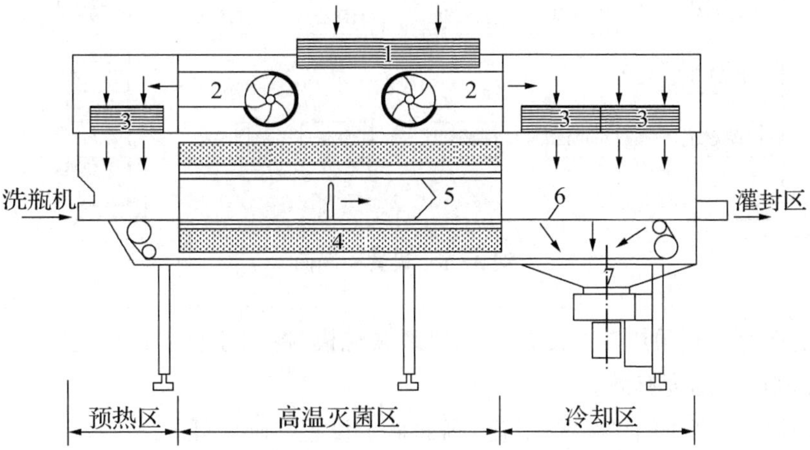

1. 中效过滤器；2. 风机；3. 高效过滤器；
4. 隔热层；5. 电热石英管；6. 水平网带；7. 排风。

图 3-3　烘箱平行流装置

瓶子由网带输送进入加热区域，在高温灭菌区内进行干燥和灭菌，继而进入冷却区冷却，冷却后被送至出口处。

加热区域内产生的湿热空气，由底部排风装置排出，排风量可由变频器控制，风机速度可调节（或由前部去湿风机排至排风装置排出）。

四、操作和调整

（一）准备

（1）按总电源按钮，电源指示灯亮。

（2）数秒后触摸屏显示初始画面（图 3-4）。

（3）触摸初始画面中“XF”，画面显示操作选择画面（图 3－5）。

图 3－4　烘箱显示初始画面

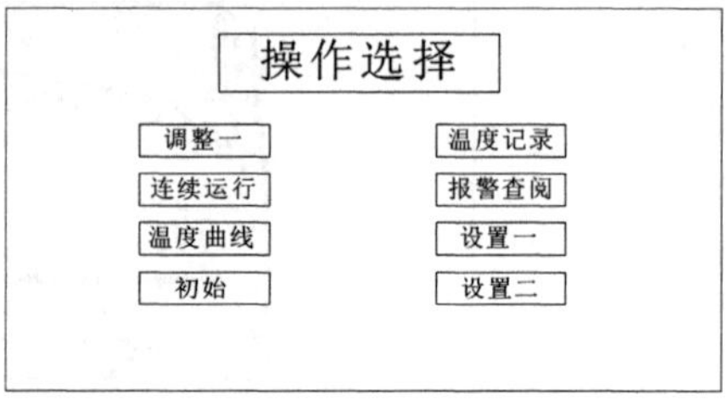

图 3－5　操作选择画面

（4）触摸画面中“设置一”键，画面显示设置一画面（图 3－6）。

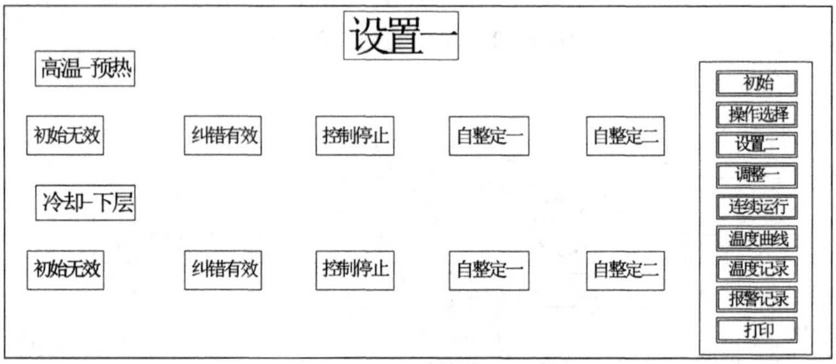

图 3－6　设置一画面

（5）分别在“高温-预热”和“冷却-下层”区域触摸“控制停止”“自整定一”“自整定二”键各两次，即控制设定温度有效。

（6）触摸设置一画面中“设置二”键，画面显示设置二画面（图 3－7）。

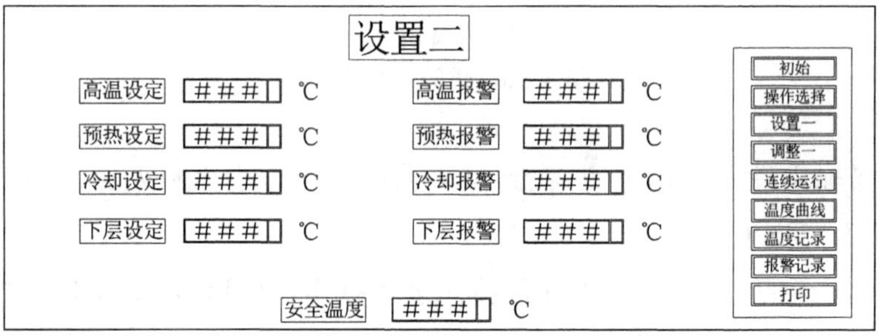

图 3－7　设置二画面

（7）分别触摸设置二画面中“高温设定”“预热设定”“冷却设定”“下层设定”的“＃＃＃”键，并设定温度。高温设定为 350 ℃，预热设定为 250 ℃，冷却设定为 150 ℃，下层设定为 350 ℃，设定完成后，分别再触摸一次予以确认。

（8）分别触摸设置二画面中“高温报警”“预热报警”“冷却报警”“下层报警”的“＃＃＃”键，分别设定为 380 ℃、280 ℃、200 ℃和 380 ℃，设定完成，分别再触摸一次予以确认。

(9) 触摸设置二画面中“安全温度”的“＃＃＃”键，设定安全温度为 100 ℃，设定完成再触摸一次予以确认。

(10) 在烘箱尾部手动调节网带变速把手，调节网带速度为 120～190 mm/min(5 mL 安瓿 10 000 瓶/h，10 mL 安瓿 8 000 瓶/h)。

（二）自动操作

(1) 触摸设置二画面中“连续运行”键，画面显示连续运行画面(图 3－8)。

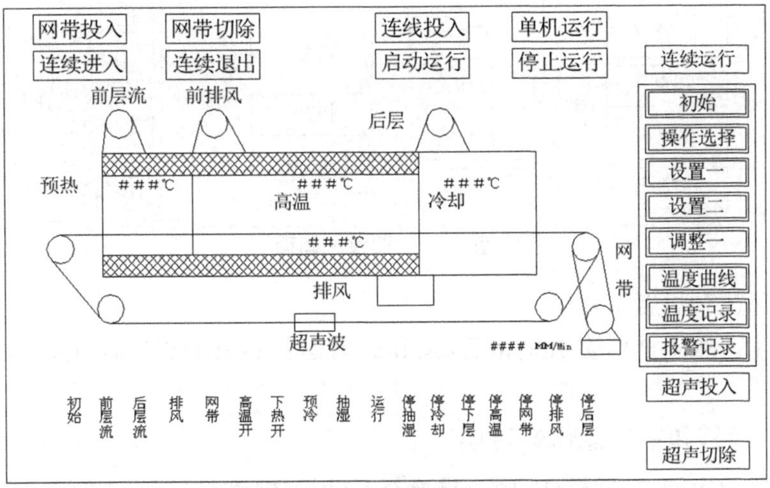

图 3－8　连续运行画面

注：链条烘箱无在位清洗装置，超声投入和超声切除为空设。

(2) 触摸画面中“网带投入”、“连续进入”、“连线投入”或“单机运行”键(根据生产连线还是单机运行而决定)；再触摸“启动运行”键，烘箱按前层流→后层流→排风→网带→高温开→下热开→预冷→冷却(如有抽湿机即抽湿)的程序自动启动操作运行。

(3) 在开始运行时，打开配电柜。在里面接线面板上手控前、后层流风机和排风风机(抽湿机设备)的变频器调节频率，使烘箱 D 级洗瓶间风压为 10～30 Pa；烘箱灌装间的风压为 0～15 Pa。

(4) 运行时随时注意风压和各段温度的变化，及时调节控制使其符合工艺要求。

(5) 当批生产的瓶子全部开出烘箱时，触摸“停止运行”键。自动功能进入停车功能，烘箱按(停抽湿)→停冷却→停下层→停高温→停网带的程序运行。待烘箱高温探头温度降至 100 ℃以下，烘箱自动停排风，停后层流。最后关闭电源。

（三）手动操作

(1) 当准备工作全部完成后，在设置二画面中触摸“调整一”键，画面显示调整一画面(图 3－9)。

(2) 触摸调整一画面中“调整进入”键。

(3) 人工控制按前层流开→排风开→(抽湿开)→后层开→网带开→超声开→下层开→冷却开→预热开→高温开的程序，人工控制开车运行。

(4) 运行开始后即和自动操作相同，调控各风机变频器从而调节风压到合适的范围。

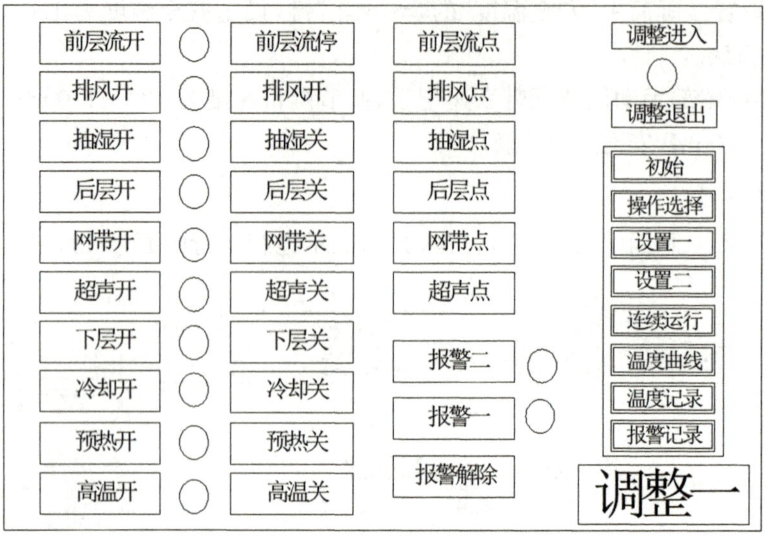

图 3-9　调整一画面

（5）确认风压和温度正常。

（6）当批生产瓶子全部输出烘箱后，按和启动运行相反的程序停止各功能。最后关闭电源。

（四）连续运行和手动操作的转换

（1）如在连续运行（自动操作）中要转换至手动操作（调整）时，在连续运行画面中，触摸"连续退出"键，再触摸"调整一"键，即可进行手动操作。

（2）如在手动操作时要转向连续运行，触摸连续运行画面中"连续进入"、"网带投入"、"连线投入"或"单机运行"键，最后触摸"启动运行"键，即烘箱自动进行操作。

（五）温度曲线、温度记录和打印功能

（1）在调整一画面中触摸"温度曲线"和"温度记录"键，画面显示温度曲线画面（图 3-10）和温度记录画面（图 3-11），并显示即时的操作状态的温度曲线和温度记录。

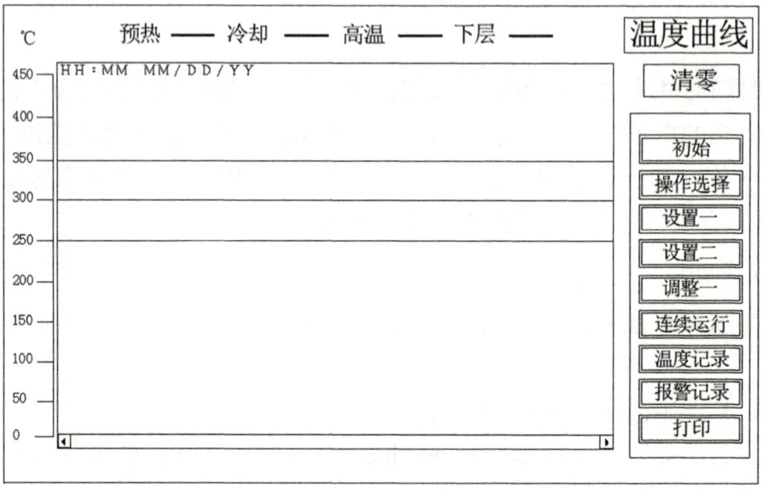

图 3-10　温度曲线画面

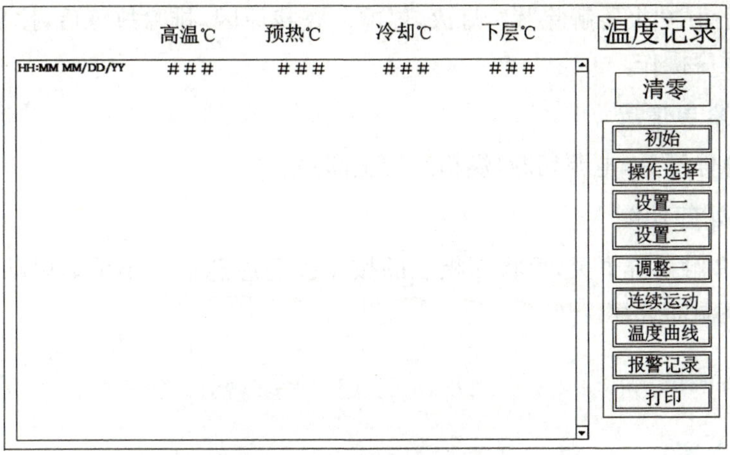

图 3-11 温度记录画面

(2) 如需打印成文,触摸"打印"键,打印机即打印即时的温度曲线和温度记录。

(3) 批生产结束,触摸"打印"键,打印机可打印出全过程的温度曲线和温度记录。

(4) 操作时间记录。

① 瓶子正式开始进入烘箱操作时,触摸"清零"键。开机时间在屏幕上显示实时的时间。

② 当批生产的瓶子全部输出烘箱,视为这批瓶子工作结束。网带(链条)停机,屏幕显示时间为停机时间,生产全过程的时间在"累计时间"上显示。

③ 记录数据随温度记录打印,同时打印出瞬时记录和全过程记录数据。

(六) 报警功能

当发生预热、高温、冷却和下热超高温时,报警灯亮,鸣响。随着超高温部分加热器停,这时触摸"报警解除"键,待温度降至允许温度,加热自动运行。

(1) 层流和排风故障,报警灯亮,鸣响。所有加热系统停止运行。触摸"报警记录"键,画面显示报警记录画面(图 3-12)。

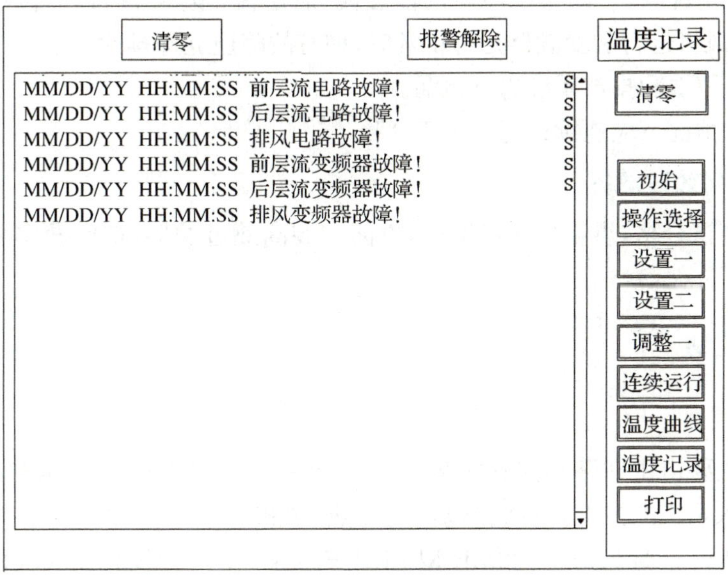

图 3-12 报警记录画面

（2）触摸画面中“报警解除”键，灯灭，停响。查找原因，排除故障后，按自动（连续运行）或手动（调整）程序操作。

（七）发生紧急情况

按面板上急停开关，电源切断，烘箱运行全部停止。

（八）应急处理功能

如遇 PLC 和触摸屏失灵，可将面板上的按钮拨至应急位。用手动启动风机，以保护高效过滤器不因高温而烧坏。

五、安装与调试

（一）烘箱入室

（1）烘箱用木箱包装，需整体起吊和搬运，操作时应保持水平平衡，放于初步就位位置（位置方向按木箱标记指示）。

（2）入室前，室内的地坪和封闭式地漏（在位清洗排污用）的施工必须完成，烘箱无须专用基础。

（3）待室内净化工程初告段落，室内环境清洁后才能拆箱。经检查后进行准确定位（方法：调整四周地脚螺丝，使网带进出口标高至规定高度，并用水平仪校正网带水平），然后做隔离墙（建议：在烘箱操作面一侧的隔离墙上开设观察窗）。

（二）连接电源、在位清洗水源及排风管

按平面布置图要求的位置及尺寸，连接电源入线，在位清洗水源及排风管（如烘箱参与联动线，则洗瓶机出口以烘箱进口标高为准进行连接）。

（三）初步调试

（1）当用户完成上述工作后，经供方确认，并由供方专业人员负责进行调试。

（2）在空载情况下，按操作程序启动前层流、后层流、电热、网带和排风。运行中，查看网带是否跑偏，风机运行和变频器是否正常等，如有故障应立即排除。

（3）对在位清洗和排放系统进行检漏。

（4）在正常情况下应连续运行不少于 3 h。

（四）安装高效过滤器

在洁净室测试合格，烘箱再次清洗后，方能安装高效过滤器，初次操作由供方专业人员完成。

六、电气控制

（一）概述

电气部分主要由主回路和控制回路两大部分组成，总机容量为 44 kW。总电源以三芯四线 380 V 接入本机电控柜，主回路包括电加热、风机、网带、变频器和超声波的供电和控制。控制回路是由三菱 FX2N－32MR 型 PLC，FX2N－2LC 温度控制模块以及 PW3260 触摸屏组成的 PLC 程序控制和触摸屏的显示。220 V 打印机并联在控制回路上受控制回

路控制。

（二）触摸屏的操作

本机有三种操作方法。

1. 自动运行(连续运行)

在准备工作完成后，在触摸屏上选择自动运行(连续运行)，本机按工艺程序自行运行。

2. 手动操作

在准备工作完成后，在触摸屏上选择手动运行，本机按工艺程序人工操作运行。

3. 紧急运行

当触摸屏和PLC功能失效时，在操作面板上将按钮拨至应急处，用手启动风机以保护高效过滤器不因高温而损坏。

（三）自控程序

(1) 本机内已设定好自动运行的程序，必须按送风→加热的程序操作，跳置和倒置均不能运行。

(2) 本机内已设定了报警和报警解除的程序，故障不排除，报警不解除，机器不能运行。

(3) 本机有联动线控制程序：

① 当灌装机堵塞时，烘箱网带停止运行；当灌装正常时，烘箱网带自动正常运行。

② 当烘箱网带堵塞时，洗瓶机不推瓶；当烘箱正常时，洗瓶机自动运行。

（四）电控面板及对应的操作

(1) 电控面板正面为操作面板，上面设置有总电源开关和指示灯、紧急停开关、紧急切换开关、风机手动启动开关、三相电流表、电压表、超声波以及触摸屏。

(2) 电控面板里面，除电气元件、模块连接之外，设置有3台变频器，供3台吸排风机调节风量风压之用。

(3) 在烘箱尾部有按钮可调节网带的速度，在触摸屏自动操作画面中显示。

（五）安全

(1) 正式开机前须打开电柜查看线路和元件有无异常。线端连接是否牢固，接触继电器元件动作是否正确，电机旋转方向是否正确，操作时电流电压是否稳定。

(2) 各电气元件均有短路保护和过载保护，整机和重要元件均有接地保护。

七、维护与保养

（一）清洗

(1) 每次操作结束后，需对烘箱外表进行日常清洗工作。

(2) 连续运行1年后(每天6 h)，需进行全面清洗。清洗内容有以下3项。

① 对前后层流罩风机及风道、排风机及其进口风道进行清洗。

② 对烘箱内腔进行清洗。

③ 更换层流箱的中效过滤布，如高效过滤器堵塞，要及时更换。

（二）润滑

连续运行6个月(每天6 h)后，要对减速箱更换润滑油；对网带主被动轮及压轮的两端轴承更换润滑脂。进行全面清洗时，要对层流风机和排风机轴承更换润滑脂。

（三）维修

（1）烘箱电气及仪表须经常检查，对损坏的元器件应及时更换或修复，仪表必须按规定校验。

（2）进行电加热管更换时，应切断电源，卸去外罩和连接导线。拆卸电加热管固定螺栓，整体取出电加热管，更换后复位。

（3）前后层流高效过滤器的更换：卸去前后层流箱顶板螺栓，打开顶板，松开高效过滤器压板螺栓，取出高效过滤器。视密封垫的完好情况，决定是否更换密封垫。更换后复原，并测试 A 级层流。

（4）电磁离合器释放失灵故障的排除：拆卸离合器，检查弹簧，经清洗后再组装。

（5）链条的拆除与拼接：须用尖头钳在链条接口把轴芯抽出，即可分离链条。拼接过程与拆卸过程相反。

进度考核评定

◇进度考核题目

一、简答题

1. 简述红外线链条隧道式烘箱的结构组成。
2. 简述红外线链条隧道式烘箱的操作过程。
3. 简述红外线链条隧道式烘箱的维护维修过程。

二、实际操作题

操作并维护维修红外线链条隧道式烘箱。

◇进度考核评定标准

进度考核评定标准见表 3 - 3。

表 3 - 3　进度考核评定标准

编号	考核内容	分值	得分
1	认识红外线链条隧道式烘箱的结构，熟悉工作过程	30	
2	能正确操作红外线链条隧道式烘箱	30	
3	能正确维护维修红外线链条隧道式烘箱	30	
4	保证安全和场地整洁	10	
合　计		100	

任务二　热风循环隧道烘箱

学习目标

1. 能正确操作热风循环隧道烘箱。
2. 能正确维护维修热风循环隧道烘箱。

所需设备和工具

所需设备和工具见表 3－4。

表 3－4　所需设备和工具

名称	规格	单位	数量
热风循环隧道烘箱	GMS－B 型	台	1
维护维修工具箱		个	1

一、结构特征与工作原理

利用电加热作为热源，由电加热元件产生能量，对烘箱加热区域内的净化空气进行加热，热风循环风机将经耐高温高效过滤器净化后的 A 级空气形成循环，对所需灭菌的瓶子进行热传递，同时不断补充新鲜空气并排除箱内的潮湿空气或饱和热蒸汽。瓶子经箱内预热段到高温灭菌段，在净化后的 A 级高温气流作用下快速均匀干燥和灭菌，在冷却段冷却降温完成整个瓶子干燥灭菌工艺。烘箱内置测温点，其所需温度可分段设定和自动调节控制。

热风循环隧道烘箱由下列结构部分组成：输送网带、箱体、高效过滤装置、进排气系统、加热装置、热风循环装置、表冷器、机械传动装置和电气控制系统等。

热风循环隧道烘箱保温绝缘材料为无碱细玻璃棉，加热元件为不锈钢电加热管，利用热风循环风机对箱内热风进行循环，加热面积大，效率高。在烘箱左下部有排(风)湿口，烘箱上部有进风口。箱内装有若干个耐高温高效过滤器，循环热风每次都经过耐高温高效过滤器处理后进入箱内。冷却段采用两级水冷却系统，通过离心式通风机，将风循环至表冷器，表冷器将风冷却后，经过高效过滤器将冷却风吹到瓶子处，对瓶子进行冷却。

热风循环隧道灭菌烘箱采用 PLC 控制机箱的加热、运行，工艺参数也可进行设定控制，箱内风量可设定自动变频平衡调节。

(一) 烘箱的总体结构

GMS－B 型热风循环隧道烘箱主要由预热段、高温灭菌段、冷却段组成。被加工的瓶子由网带承载直接穿越预热段、高温灭菌段和冷却段。

1. 预热段的功能及工作原理

(1) 功能。

对瓶子进行预热并排出箱内水分。通过 A 级层流隔离箱内 A 级环境与箱外 C 级环境，起到保护箱内 A 级洁净度的作用。

（2）工作原理。

循环风回路由循环风机、静压箱、高效过滤器、回风收集箱、回风管共同组成。循环风机从回风管内抽取空气，经加压后送至静压箱，在静压箱作用下，空气到达静压箱底部即高效过滤器前端面时，空气压力均匀分布在高效过滤器前端面上。空气穿过高效过滤器时被过滤成A级，并形成层流气幕通过预热段。层流空气穿过瓶子和网带到达回风收集区，再穿过回风口，经回风管到达循环风机。

预热效应：高温灭菌段的加热区比预热段的压力略高，因此高温灭菌段内的高温空气将有一小部分流入预热段与循环风混合，形成较高温度的空气流，该空气流穿越瓶子时即对瓶子产生预热。

排湿效应：在回风收集箱另设一排风口连接有排风管直通室外。湿热风气由此排风管直排室外。排风管内设有阀门用于调节排风量。排风管末端装设有亚高效过滤器，以防室外空气倒流产生污染。

保护效应：通过调节由预热段补充进来的空气量和排气口排出的空气量之比值，就可以保证预热段相对于箱外是正压区，略高出5 Pa。保证箱外空气不会进入预热段。另外，由于穿过预热段的气幕是层流，不会产生涡流将周边空气卷入预热段产生污染。

2. 高温灭菌段的功能及工作原理

（1）功能。

干燥：高温下瓶子表面水分充分汽化，并由穿越预热段的气流带至预热段后排出室外。

灭菌：根据工艺要求，可以任意设置瓶热穿透温度和保温时间。最高温度可达350 ℃，保温时间可长达5 min。完全能满足灭菌要求。

去热原：根据工艺要求，可以任意设置瓶热穿透温度和保温时间。最高温度可达350 ℃，保温时间可长达5 min。完全能达到分解热原的目的。

（2）工作原理。

循环风回路由循环风机、静压箱、高效过滤器、回风收集箱、回风管共同组成。循环风机从回风管内抽取空气，经加压后送至静压箱，在静压箱作用下，空气到达静压箱底部即高效过滤器前端面时，空气压力就均匀分布在高效过滤器前端面上。空气穿过高效过滤器时被过滤成A级，并形成层流气幕通过加热区，层流空气穿过瓶子和网带到达回风收集区，再穿过回风口经回风管、电加热管区到达循环风机。

加热效应：在回风回路上设有电加热管区，回风经过该电加热管区时被加热升温。在合适位置上装设有温度传感器，温度传感器检测到温度变化信号传至PLC（或温度调节器），经运算后输出调节信号至固态继电器触发其导通或关断。固态继电器的导通或关断直接控制电热管工作状态，即改变通过电热管区的空气温度，使高温灭菌段热分布温度恒定在设定值误差范围内。

干燥效应：通过整机风路系统的调整，可达到冷却段压力＞高温灭菌段压力＞预热段压力。这样就保证箱内有一小股气流由冷却段穿过高温灭菌段到达预热段，高温灭菌段产生的湿气随这股气流经预热段排出室外，避免随瓶子进入冷却段产生回潮现象。

3. 冷却段的功能及工作原理

（1）功能。

采用水冷方式对高温瓶子进行冷却，使其降温至＜室温＋15 ℃，保证瓶子不受污染和回潮。

(2) 工作原理。

冷却循环风系统由冷却风机、水冷却器、回风管、静压箱、高效过滤器和新风补充口组成。冷却风机从回风管内抽取空气，经过表冷器将空气冷却，经加压后送至静压箱，在静压箱作用下，冷空气到达静压箱底部通过匀风栅再经高效过滤器前端面时，空气压力均匀分布在高效过滤器前端面上。空气穿过高效过滤器时被过滤成A级，并形成层流气流通过冷却区，层流空气穿过瓶子并对瓶子进行冷却，而后再穿过网带到达回风收集区，再由回风口经回风管、水冷却器到达循环风机。空气流经水冷却器被冷却至所需温度。循环使用。

由于冷却段的压力大于高温灭菌段，所以高温灭菌段的热湿气不会倒流入冷却段，保证冷却段内瓶子不会回潮，保持干燥。由于冷却段内层流保护，再加上冷却段压力大于箱外环境压力，所以瓶子不会受到污染。

(二) 主要部件的结构

1. 输瓶网带

(1) 功能。

输瓶网带承载被加工瓶子穿越预热段、高温灭菌段和冷却段。设置有“加工状态”、“清场状态”、“待机状态”和“维修状态”，四种状态可根据现场实际操作要求任意选择。网带运行速度可在50～300 mm/min范围内任意选择设定，也可通过预设程序进行调用。网带运行情况均被记录储存，并具有转速超差报警、故障报警功能。网带具有与本机其他运行参数及整条流水线其他设备联锁功能，还可以增设分级管理功能。

(2) 工作原理。

网带为环状连续式结构，在出瓶口末端有一主拖动鼓轮，拖动网带连续转动。在隧道烘箱内腔有网带导轨支撑着网带，使其保持水平状态。在张紧装置的作用下，网带在腔内始终保持拉紧平整状态，能有效避免倒瓶。主拖动鼓轮是由变频电机通过链传动拖动，通过触摸显示屏选择其运行状态并设置其运行参数，选择或改变网带运行速度。

2. 预热段

(1) 预热段的组成。

预热段由粗效过滤器、预热段小风机、高效过滤器、保温层、被动轮、网带护条、不锈钢网带、隔板调节齿条、隔板调节把手等组成，如图3-13所示。

① 粗效过滤器是将房间内的风进行预过滤。

② 预热段小风机采用YDF型离心式通风机，该通风机具有风量大、体积小、振动小、噪声低等优点。小风机的作用是使烘箱的预热段形成风幕，以此来保护清洗后的瓶子进入烘箱内不受污染。

③ 高效过滤器具有聚尘率高、使用寿命长、初阻率低等优点，主要作用是将烘箱内的洁净风进一步净化，以保证烘干灭菌后的瓶子满足GMP要求。

④ 保温层是采用无碱玻璃石棉制成，具有耐高温、耐腐蚀、吸声好、导热系数低等优点。主要是用来将加热段的高温有效隔离，使预热段及外界的温度不受加热灭菌高温的影响，并能有效地保证高温灭菌段的温度控制在一定范围内。

⑤ 被动轮是用来通过主电机带动主动轮而带动网带运行。

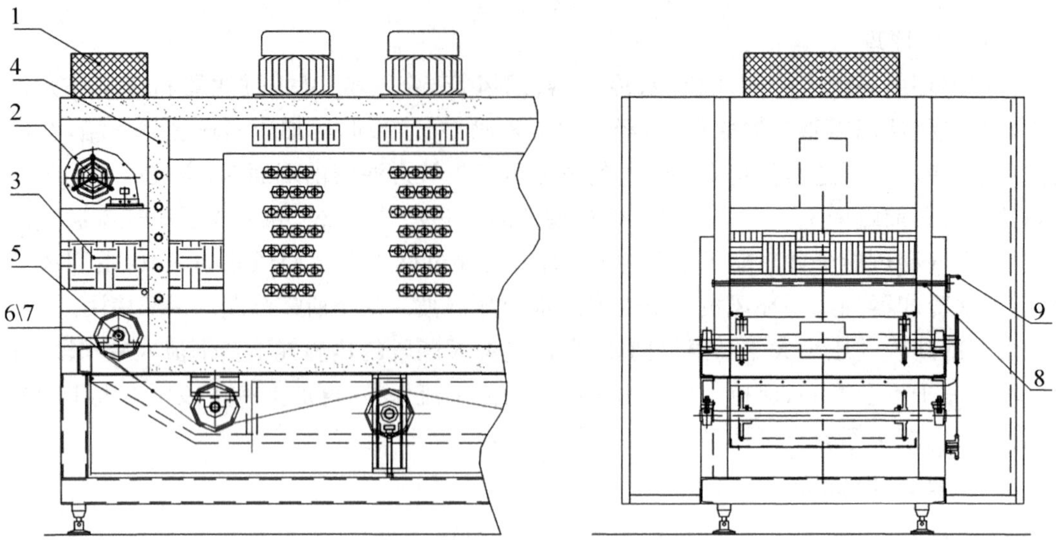

1. 粗效过滤器；2. 预热段小风机；3. 高效过滤器；4. 保温层；5. 被动轮；
6. 网带护条；7. 不锈钢网带；8. 隔板调节齿条；9. 隔板调节把手。

图 3－13　预热段结构

⑥ 不锈钢网带是采用 316L 不锈钢制作。此型不锈钢具有耐热性、耐腐蚀性及抗晶间腐蚀能力良好，焊接性良好，反复在高温中运行不变形等优点。

⑦ 网带护条与不锈钢网带做同步运动，以保护网带两侧的瓶子在输送过程中有良好的稳定性。

⑧ 隔板调节齿条主要是通过旋动调节把手，提升隔板，使隔板距离与瓶口位置减小。瓶口位置与隔板距离越小，高温灭菌段的热量就越难传递到预热段，高温灭菌段升温就越快。

⑨ 隔板调节把手是用来提升隔板。顺时针方向旋转调节把手，隔板上升；逆时针旋转调节把手，隔板下降。

(2) 预热段的结构与构造。

凡与洁净空气接触的箱体内壁、静压箱内壁、风管以及相关零件均采用 304 不锈钢或优于 304L 不锈钢。网带选用 304L 不锈钢或优于 304L 不锈钢。其他外部裸露及外表面采用一般不锈钢。保温材料为不含氯离子的玻璃纤维。

箱体内壁材料选用优于 304 不锈钢材料，内壁接缝采用连续氩弧焊，焊接处磨平并抛光。弯角采用圆弧过渡，材料折边不存在死角和间隙。箱体内壁全部抛光，结构上无盲区，便于清洗并能防止尘埃粒子沉积。箱体外表面采用优质不锈钢拉丝板或制成后再抛光。保温层充填保温材料后采用焊接密封，有效防止保温材料外泄，以免污染瓶子、箱内空气和周边环境。

网带采用 316L 不锈钢丝编织而成，两侧焊点圆滑平整、长度一致。网带采用出口处主动鼓轮拖动，再加装有张紧装置和托压装置，保证网带在工作区内处于拉紧平整状态。防止倒瓶。网带两边设置有防护条，防止瓶子跑离网带，防护条与网带同步运行，可避免瓶子与防护条因摩擦而带来诸多不良影响。

（3）气流的净化。

采用 A 级高效过滤器。高效过滤器采用由上向下垂直的安装方式。采用特殊结构与材质的密封垫密封，确保在高温下的密封性。高效过滤器上下要有足够的静压分配空间，确保工作区气流处于良好层流状态。在排风管末端装设有亚高效过滤器，以防室外空气倒流产生污染。

（4）风路。

预热段采用 YDF 小型离心式通风机，体积小、风量大、噪声低。循环风机可变频调速。可任意设定或调节预热段内风速与风压。风速可在 0.5～1 m/s 之间调节。排风管内设置有手动调节阀，用以调节排风量。在预热段的进口处及与高温灭菌段的交接处各设有一扇能上下调节的隔板，配合风机用于调控预热段内的压力。

3. 高温灭菌段

（1）高温灭菌段的组成。

高温灭菌段的结构如图 3－14 所示。

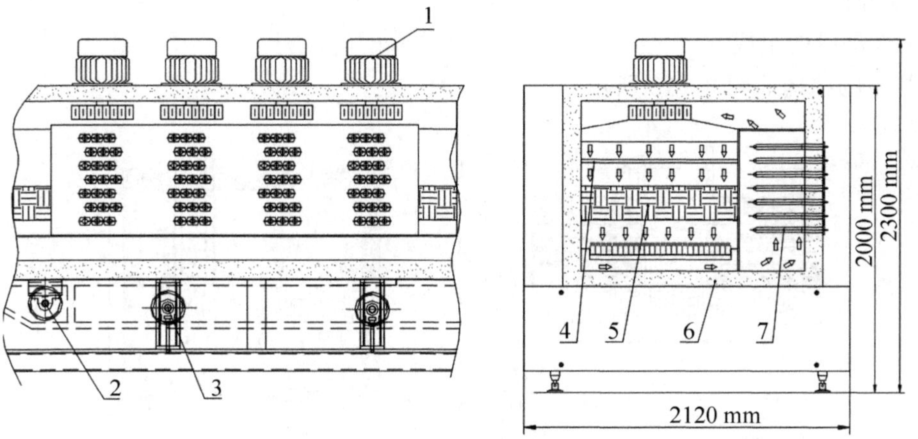

1. 热循环风机；2. 压带轮；3. 托带轴；4. 匀风栅；
5. 高效过滤器；6. 保温玻璃石棉；7. 加热石英管。

图 3－14　高温灭菌段的结构

压带轮主要用于压紧输送网带，防止输送网带跑偏。托带轴用于调整网带的松紧。加热管主要采用镀金玻璃石英管，此加热管具有升温快、使用寿命长、耗电量低等优点，主要用于对隧道烘箱内的瓶子进行高温灭菌。保温层采用无碱玻璃石棉，具有耐高温、耐腐蚀、吸声好、导热系数低等优点。其主要作用是有效隔离加热段的高温，确保预热段、冷却段及外界的温度不受加热灭菌高温的影响，并保证高温灭菌段的温度控制在一定范围内。高效过滤器具有聚尘率高、使用寿命长、初阻率低、耐高温等优点，耐高温上限为 500 ℃，其主要用于将烘箱内的洁净风进一步净化，以保证烘干灭菌后的瓶子满足 GMP 要求。匀风栅主要用于使加热后的风均匀地分布于高效过滤器，以确保风量的均衡性。热循环风机采用 PDF 型热风机，结构紧凑、运行平稳、耐高温、耐腐蚀、效率高。风机所有零件都采用不锈钢材质，风机上叶轮由电机直接驱动。其主要作用是对隧道烘箱内高温灭菌段的加热管的热量进行循环，从而有利于对隧道烘箱内的瓶子迅速烘干，并进行高温灭菌。

（2）输送网带。

输送网带采用 316L 不锈钢丝编织而成，利用出口处主动鼓轮拖动，再加装有张紧装置和托压装置,保证网带在工作区内处于拉紧平整状态。网带两边设置有防护条,防止瓶子跑离网带,防护条与网带同步运行,可避免瓶子与防护条因摩擦带来的诸多不良影响。

(3) 气流的净化。

采用耐高温(350 ℃)的A级高效过滤器。高效过滤器采用由上向下垂直的安装方式。采用特殊结构与材质的密封垫密封,可确保在高温下的密封性。高效过滤器上下要具备足够的静压分配空间,以确保工作区气流处于良好的层流状态。

(4) 风路。

循环风机采用PDF型耐高温热风机。电动机置于箱外,具有良好的散热条件又不污染循环风,与循环风接触部分全部采用优质不锈钢。循环风机可变频调速。可任意设定或调节加热段内风速与风压,加热段风速可在0.7～1.2 m/s之间调节。在加热段与预热段交接处、加热段与冷却段交接处分别设有可上下调节的隔板,以控制各段之间的空气穿越流量。回风收集区有可调节气流分布的装置,以调节该段内温度分布的均匀性。

4. 冷却段

(1) 冷却段的组成。

冷却段的结构如图3-15所示。

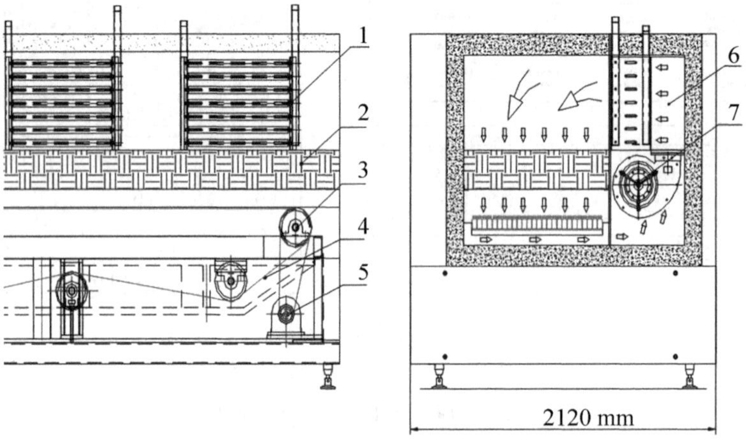

1. 表冷器；2. 高效过滤器；3. 轴承座；4. 网带；
5. 网带输送电机；6. 风箱；7. 冷却段大风机。

图3-15 冷却段的结构

冷却段主要由风箱、冷却段大风机、表冷器、高效过滤器、轴承座、网带、网带输送电机。风箱是洁净风的储存箱。冷却段大风机采用YDF型离心式通风机,该通风机具有风量大、体积小、振动小、噪声低等优点。其作用是使烘箱冷却段的风经过表冷器后,再吹到瓶子上,从而对瓶子进行冷却。表冷器通过冷却水循环后,降低表面温度,再由离心式通风机将风吹过表冷器,使洁净风的温度降低,并经高效过滤器进一步净化后,对瓶子进行冷却。高效过滤器具有聚尘率高、使用寿命长、初阻率低等优点。其主要作用是将烘箱内的洁净风进一步净化,以保证烘干灭菌后的瓶子满足GMP要求。轴承座用于传动网带。不锈钢网带采用316L不锈钢制作。网带输送电机采用WB系列摆线针轮减速电机,其主要作用是带动热风循环隧道烘箱内的网带。

(2) 气流的净化。

采用常温 A 级高效过滤器。高效过滤器采用由上向下垂直安装的方式,调换安装方便。采用特殊结构与材质密封垫密封,可确保在高温下的密封性。高效过滤器上下要足够的静压分配空间,确保工作区气流处于良好层流状态。对于 A 级洁净度的空调室自然风垂直冷却方式,其排风管末端装有亚高效过滤器。若直接取自室内空气,应在进气口加装中效过滤器。对于 A 级冷却循环风垂直冷却方式,其新风补充进气口处应加装中效过滤器。

(3) 风路。

采用 YDF 大功率离心式通风机,循环风机可变频调速。可任意设定或调节预热段内风速与风压。冷却段风速可在 0.5～ 1 m/s 之间调节。排风管内设置有手动调节阀,用以调节排风量。在冷却段的出口处及与高温灭菌段交接处各设有一扇能上下调节的隔板,配合风机用于调控冷却段内的压力。

二、触摸屏操作说明

(一) 主界面

主界面(图 3 - 16)用于选择系统的工作状态。

图 3 - 16　主界面

(1) 触摸“自动运行”功能键,进入工作参数设置界面,系统将按设定的工作参数自动工作。

(2) 触摸“设备调试”功能键,系统进入电机和传感器调试界面。

(3) 触摸“实时曲线”功能键,系统进入实时温度曲线显示界面。

(4) 触摸“历史曲线”功能键,系统进入历史温度曲线查询界面。

(5) 触摸“故障显示”功能键,系统进入报警及重要操作历史记录界面。

(6) 触摸“复制数据”功能键,系统进入复制数据界面。

(7) 触摸屏操作流程如图 3 - 17 所示。

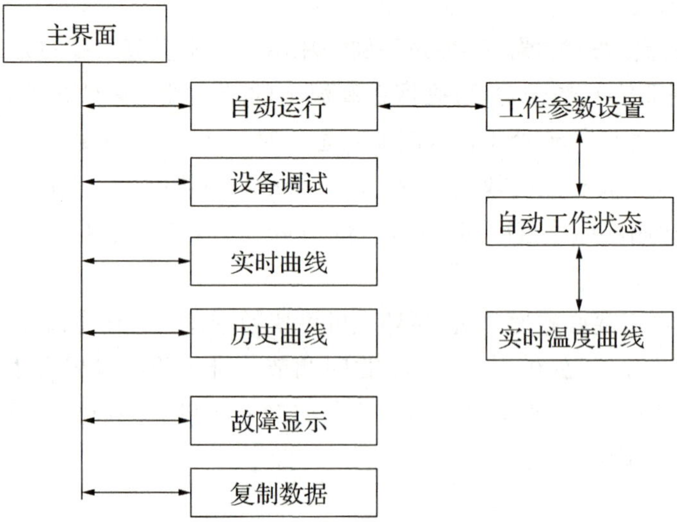

图 3－17　触摸屏操作流程图

（二）工作参数设置界面

在主界面中触摸“自动运行”功能键，系统进入工作参数设置界面（图 3－18），用于显示及设置系统的工作参数。

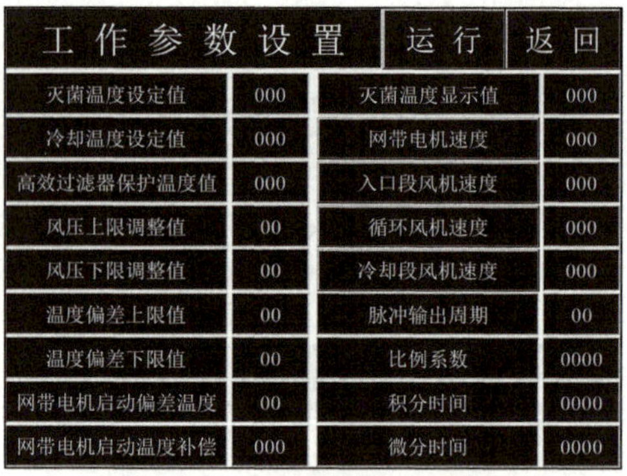

工 作 参 数 设 置		运 行	返 回
灭菌温度设定值	000	灭菌温度显示值	000
冷却温度设定值	000	网带电机速度	000
高效过滤器保护温度值	000	入口段风机速度	000
风压上限调整值	00	循环风机速度	000
风压下限调整值	00	冷却段风机速度	000
温度偏差上限值	00	脉冲输出周期	00
温度偏差下限值	00	比例系数	0000
网带电机启动偏差温度	00	积分时间	0000
网带电机启动温度补偿	000	微分时间	0000

图 3－18　工作参数设置界面

（1）灭菌温度设定值：由用户设定烘箱的灭菌工作温度值。

（2）冷却温度设定值：由用户设定烘箱的冷却工作完成温度值。

（3）高效过滤器保护温度值：由用户设定高效过滤器保护温度限制值。

（4）风压上限调整值：由风压控制调节冷却段风机的速度，当风压超出风压上限值时，冷却段风机的速度按设定的风压上限值进行调整。

（5）风压下限调整值：由风压控制调节冷却段风机的速度，当风压低于风压下限值时，冷却段风机的速度按设定的风压下限值进行调整。

（6）温度偏差上限值：用于控制温度最高限制值，当超过该值（灭菌温度设定值＋温度偏差上限值）时，关闭加热器并报警。

（7）温度偏差下限值：用于控制温度最低限制值，当低于该值（灭菌温度设定值－温度偏差下限值）时，显示低温报警。

（8）网带电机启动偏差温度：相对于高温段的设定温度控制网带电机开始运行的相对

温度值。当高温段实测温度≥高温段设定温度值−网带电机启动偏差温度时，网带电机开始运行。

(9) 网带电机启动温度补偿：减少网带电机运行启动时对灭菌温度的影响。

(10) 灭菌温度显示值：显示当前实测灭菌温度值。

(11) 网带电机速度：用于调节网带电机的速度。

(12) 入口段风机速度：用于调节入口段风机的速度。

(13) 循环风机速度：用于调节循环风机的速度。

(14) 冷却段风机速度：用于调节冷却段风机的速度。

(15) 脉冲输出周期、比例系数、积分时间、微分时间：用于设定PID调节器的工作参数。参数设置方法：触摸相应的数值显示区，弹出小键盘，输入合适的数值后，触摸“回车”键即完成设置。

(16) 触摸“运行”功能键，系统进入自动工作状态动态图形界面。

(17) 触摸“返回”功能键，系统返回到主界面。

(三) 自动工作状态动态图形界面

在工作参数设置界面中触摸“运行”功能键，系统进入自动工作状态动态图形界面(图3-19)，用于监控系统的自动工作状态。

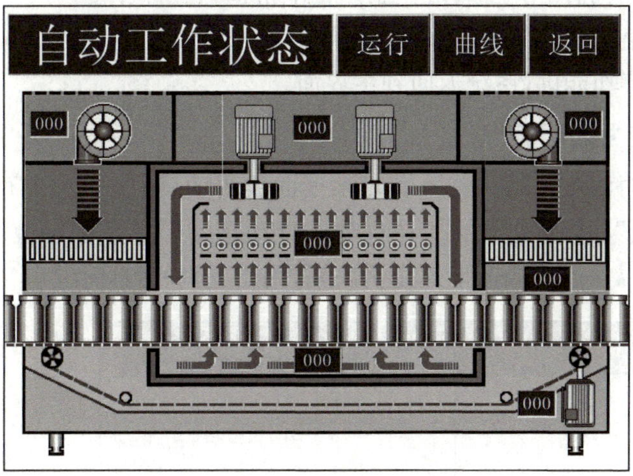

图3-19　自动工作状态动态图形界面

动态图形界面中电机旁边的数字窗口，分别显示入口风机、循环风机、冷却风机、网带电机的运行速度；其他三个数字窗口，分别显示循环风机出风温度、灭菌温度、冷却温度。

(1) 触摸“运行/停止”键，可控制网带电机运行或停止。

(2) 触摸“曲线”功能键，进入实时温度曲线界面。

(3) 触摸“返回”功能键，系统终止自动工作，返回到主界面。

(四) 电机和传感器调试界面

在主界面中触摸“设备调试”功能键，系统进入电机和传感器调试界面(图3-20)，用于在手动条件下对电机和传感器的状态进行调试。

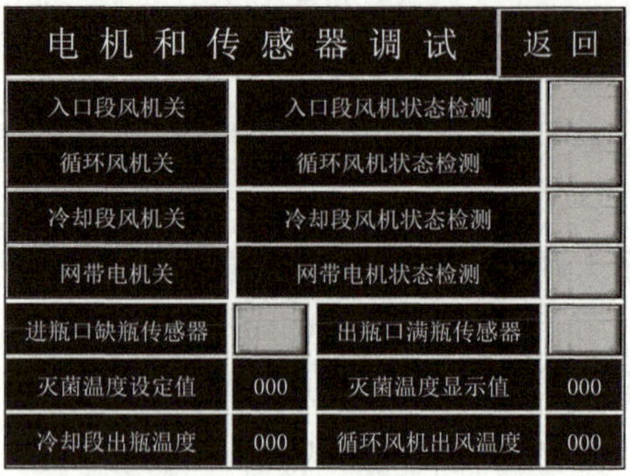

图 3－20　电机和传感器调试界面

系统共使用两个位置检测传感器，分别是进瓶口缺瓶检测传感器和出瓶口满瓶检测传感器。调整传感器的位置，观察所对应的指示灯，当传感器检测到有效信号时该指示灯变亮。

系统共使用四个状态检测传感器，分别是入口段风机状态传感器、循环风机状态传感器、冷却段风机状态传感器和网带电机状态传感器。当上述电机运行时，相应的指示灯变亮。

（1）触摸“入口段风机开/关”键，可控制入口段风机运行或停止。

（2）触摸“循环风机开/关”键，可控制出口段风机运行或停止。

（3）触摸“冷却段风机开/关”键，可控制排风风机运行或停止。

（4）触摸“网带电机开/关”键，可控制网带电机运行或停止。

（5）显示灭菌温度设定值、灭菌温度显示值、冷却段出瓶温度、循环风机出风温度。

（6）触摸“返回”功能键，系统返回到主界面。

（五）实时温度曲线界面

实时曲线即实时温度曲线。进入实时温度曲线界面（图 3－21）有两种方法：① 在主界面中触摸“实时曲线”功能键进入；② 在自动运行动态图形界面中触摸“曲线”功能键进入。此界面将实时工作温度以曲线的形式显示出来，用于查询和打印。

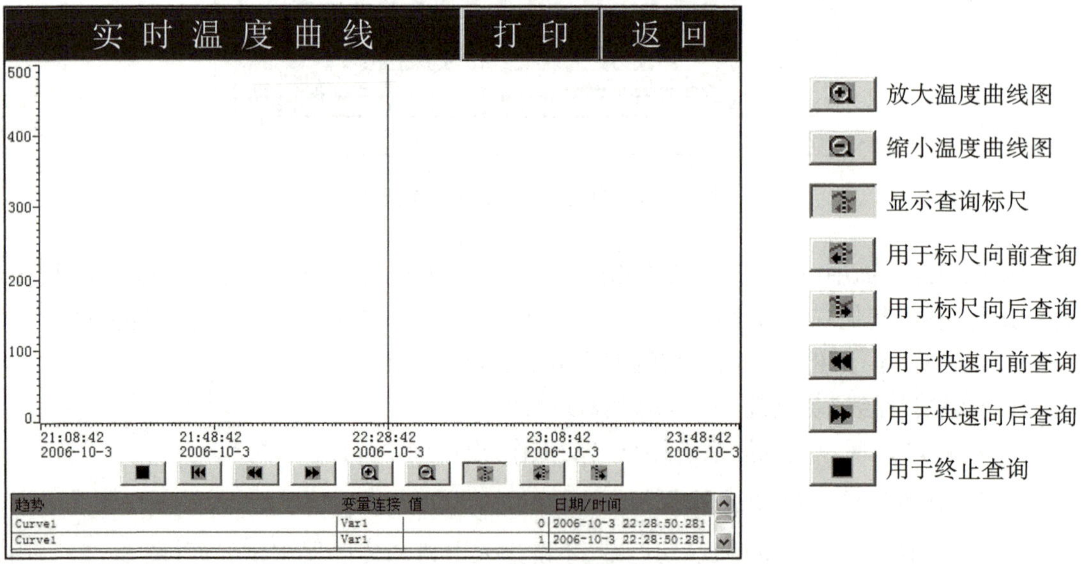

图 3－21　实时温度曲线界面

(1) 触摸“打印”功能键,将当前屏幕所显示的温度曲线打印出来。

(2) 触摸“返回”功能键,系统返回到上一级界面。

(六) 历史温度曲线界面

历史曲线即历史温度曲线。在主界面中触摸“历史曲线”功能键,进入历史温度曲线界面(图 3－22),此界面将历史工作温度以曲线的形式显示出来,用于查询和打印数据。

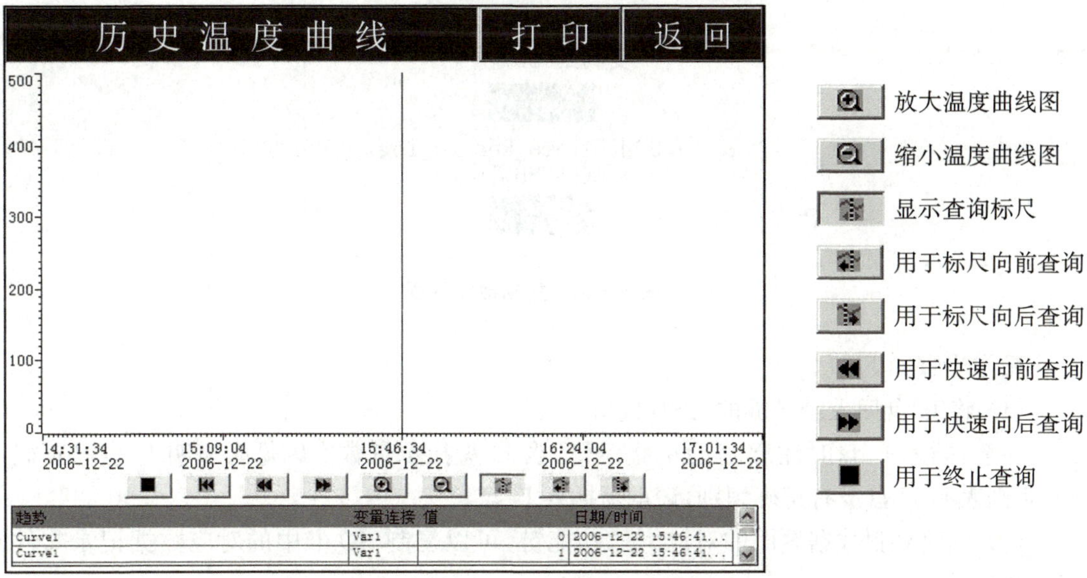

图 3－22　历史温度曲线界面

(1) 触摸“打印”功能键,将当前屏幕所显示的温度曲线打印出来。

(2) 触摸“返回”功能键,系统返回到主界面。

(七) 报警及重要操作历史记录界面

在主界面触摸“故障显示”功能键,系统进入报警及重要操作历史记录界面(图 3－23),用于查询和记录系统的重要信息。

触摸“返回”功能键,系统返回到主界面。

图 3－23　报警及重要操作历史记录界面

（八）复制数据界面

在主界面中触摸“复制数据”功能键，显示复制数据界面（图 3－24），此界面用来将 SD 卡中的数据复制到 U 盘中，方便数据的备份及在计算机中进行数据处理。

图 3－24　复制数据界面

操作步骤如下：

（1）将 U 盘插入触摸屏的 USB 接口。

注意：插入 U 盘时注意 U 盘的指示灯，当 U 盘指示灯数次闪烁时表明 U 盘已正确识别，否则表明 U 盘没有正确识别，请重新插入 U 盘。

（2）触摸复制数据界面的对应“是”功能键，可以复制 SD 卡中的对应数据记录文件到 U 盘中。

注意：点击“是”功能键时注意 U 盘的指示灯，U 盘指示灯闪烁表明正在将文件复制到 U 盘中，U 盘指示灯停止闪烁后表明文件已成功复制，此时可以将 U 盘取出。

警告：U 盘指示灯闪烁时禁止取出 U 盘，否则将可能损坏 U 盘。

（3）触摸“返回”功能键，系统将返回到主界面。

三、设备操作

1. 开车前的准备工作

（1）检查主机前后连接是否齐全有效，并检查紧固件有无松动，发现松动予以紧固。

（2）检查电源电压是否正常，通电前检查电源开关位置。检查安全接地线的外连线是否正常，接触是否良好。

（3）用风速计在常温下检查加热段，风速应为 0.7～1.2 m/s，记录此条件下热风机对应的频率（Hz）和压力（Pa）。

（4）用风速计在常温下检测预热和冷却段，风速应为 0.5～1 m/s，记录此条件下风机对应的频率（Hz）和压力（Pa）。

（5）排风机风门调节至 45°处，使冷却段处于正压状态下，相对压差≥4.9 Pa 或用细绳在窗口处检查绳子飘动方向。

（6）检查温度传感器的温度指示值的准确性，需要定期校验合格证。

（7）检查过滤器密封状态，采用正压密封，检测压力可从表上直接读出，加热段为 200 Pa 左右，预热、冷却段为 160 Pa 左右。

(8) 按照 GMP 或 FDA 规范要求,检查设备与物料接触部分是否符合相应洁净要求,如未达到则重新清洗和干燥。

(9) 最后检查设备其他部分有无异常,无异常方能开车。

2. 操作前的调节工作

(1) 接通电源,先将变频设置在 20～25 Hz,检查网带传动平稳,无卡滞现象。不出现跑偏、爬行和瓶子倾倒现象,确认无误时可以将变频器渐渐调至所需的频率。

(2) 确定记录仪能准确打印所显示的参数。

(3) 检查干燥灭菌工艺状况,能在控制程序下执行相应的工艺。

(4) 检查所有安全设置是否都正确地配备和调节好。

(5) 一切调节好后,按主机点动,点动正常后方能启动开关进行全自动运行。

(6) 速度调节在主电机运转时进行。

3. 操作

(1) 合上电源,打开电门锁。

(2) 调整好各段的工作温度,准备好记录纸。

(3) 启动进口风机、冷却风机,同时打开排风风机。

(4) 依次开启预热开关、灭菌开关、保温开关,设备开始升温。

(5) 拧动电流转换开关,检查各段的电流是否均匀,检查加热管是否完好及工作情况。

(6) 达到灭菌温度(工艺要求的设定值)后,开启网带开关,开始送瓶。

(7) 网带的速度可依照变频器说明书进行调整(最高频率 50 Hz)。

(8) 风量调节:

① 冷却段的风压比进口段的风压高 20 Pa 左右为最佳。

② 风量调节有两种方法:一种为调节风门,另一种为变频调节,依照使用说明书进行调整。

③ 将风门缓慢转动达到最佳位置。

4. 停车

生产完毕,依次关闭预开关、灭菌开关、保温开关,进行降温处理(此时网带仍在运行)。

(1) 温度降到 100 ℃以下,可关闭进风开关、排风开关、冷水开关。

(2) 最后关闭电门锁,切断总电源。

5. 清洗

(1) 对机器进行彻底清理,拆卸必要的零件,并清洗干燥。需清场时,按工艺清场要求清场。

(2) 对烘箱内部进行彻底清洗。

(3) 检查设备,发现异常及时排除,并检查润滑系统。

(4) 做好机器外部卫生,清理生产现场卫生,恢复至备用状态。

四、电气元件布置及辅助装置

1. 轴承

带立式座外球面球轴承的结构如图 3-25 所示。

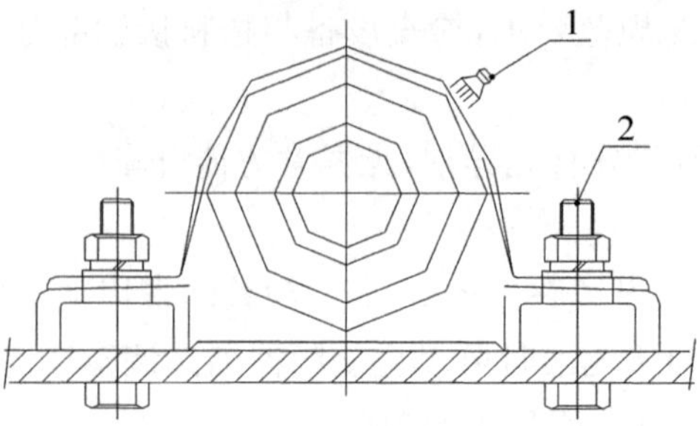

1. 注脂口；2. 固定螺丝。

图 3-25　带立式座外球面球轴承的结构

（1）轴承的加脂：轴承为 UCP208 型带立式座外球面球轴承，每两个工作日需加一次润滑脂。加脂方法：拆除热风循环烘箱上的面板，将加脂枪的出脂口与轴承座的注脂口对接后，进行加脂。

（2）轴承的更换：轴承的载荷较大，受其使用寿命的影响，生产到一定时期后，需要更换此轴承。更换方法：拆除热风循环烘箱上的面板后，拆除轴承座上两个固定螺丝，将轴承座退出，换下轴承后，按与拆卸相反顺序进行安装。

2. 高效过滤器

高效过滤器（图 3-26）用超细玻璃纤维纸作滤料，由于洁净风中含有一定的粒子，当高效过滤器使用一定时间后，必须进行更换，否则将影响待烘干瓶的洁净度，而直接影响药品质量。

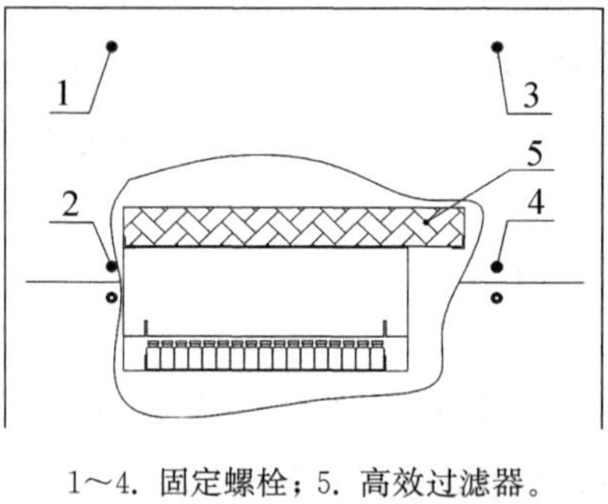

1～4. 固定螺栓；5. 高效过滤器。

图 3-26　高效过滤器

使用内六角扳手拆除进瓶口处面板上的 4 个固定螺栓后，取下面板，拆除高效过滤器。找一个相同尺寸的高效过滤器，用硅胶将不锈钢层流箱内的台板与高效过滤器的不锈钢框架进行密封后，撕掉高效过滤器上的密封薄膜。按与拆卸相反顺序进行安装。风量和风速的调整应保证：预热段空气压力大于室内空气压力 5～10 Pa；冷却段空气压力大于室内空气压力 15～20 Pa；瓶口层流风速≥0.3 m/s。

3. 高温灭菌段的部分结构的调整与更换

轴承选用 UCK208 型带滑块座外球轴承（图 3-27）。

（1）注脂口用于为轴承加油。一般情况下，每两个工作日需加一次润滑脂。加脂方法：拆除热风循环烘箱上的下面板后，将加脂枪的出脂口与轴承座的注脂口对接，进行加脂。

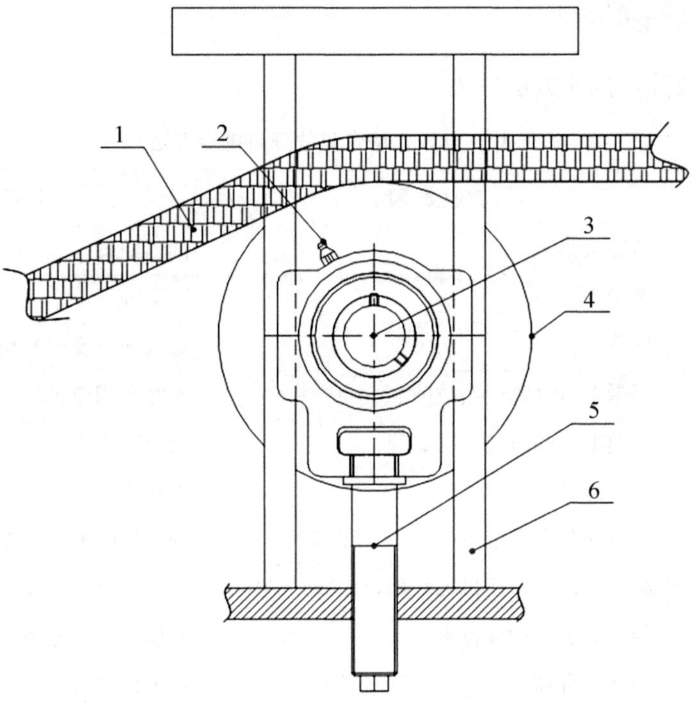

1. 不锈钢网带；2. 注脂口；3. UCK208 型轴承；4. 托带轮；5. 调整螺丝；6. 立柱。

图 3－27　带滑块座外球轴承的结构

(2) 调整螺丝用于调整网带的松紧。网带运行到一定时间后，由于机械的拉力作用，不锈钢网带会被拉长，故需要调整网带。调整方法：顺时针旋转调整螺丝，网带拉紧；逆时针旋转调整螺丝，网带放松。

(3) 托带轮用来托住网带使其在固定的轨道内运行。

(4) UCK208 型轴承用于减少在网带运行过程中的阻力。由于其载荷较大，使用寿命有限，生产到一定时期后需要更换。更换方法：拆除热风循环烘箱的下面板，然后逆时针旋转调整螺丝，使网带完全放松，接着拧松滑块座上的两个顶紧螺丝，最后将轴承退出后更换轴承。安装时按相反顺序进行操作。同一根轴的两边轴承座的操作方法相同。

(5) 立柱通过滑槽将轴承座固定在预定轨道内。

4. 镀金玻璃石英管

镀金玻璃石英管主要由发热管及瓷套组成，如图 3－28 所示。

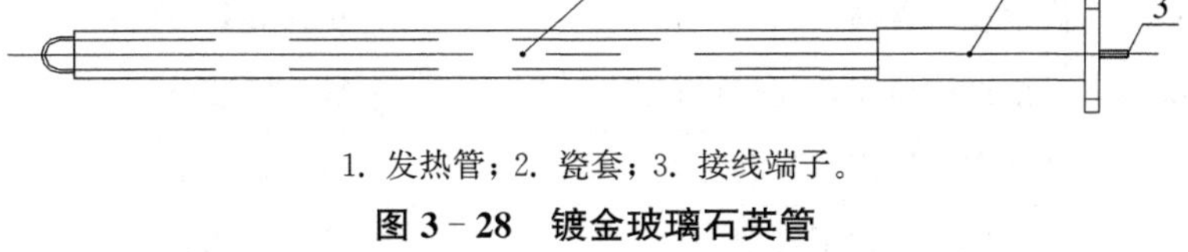

1. 发热管；2. 瓷套；3. 接线端子。

图 3－28　镀金玻璃石英管

接线端子主要用于连接电源线的正极与负极，使加热石英管工作。瓷套的作用是保护无碱玻璃石棉，瓷套直接与无碱玻璃石棉的包层不锈钢相连。发热管是加热的主要元件。接线时，须将发热管两端的接线螺母拧紧，以免接触不良，导致石英加热管损坏。

五、故障分析与排除

设备的常见故障与排除方法见表3-5。

表3-5 设备的常见故障与排除方法

故障现象	产生原因	排除方法
振动和噪声大	地脚未垫平	调整地脚
	轴承损坏	更换轴承
	网带过紧	减轻配重及调整松紧装置
网带不运行	网带电机电源回路故障	检修及相应排除
	减速电机的减速机构故障	检修减速机构
	传动链条断裂	检修或更换链条
	网带端头卡在定位槽内，不能走动	调整使网带端头能顺利过定位槽
网带转速不稳定	减速电机的减速机构故障，有跳动现象	检修及相应排除
	传送链条松动或打滑	检修或更换链条
轴承温度高	装配不合理	拆下重装
	缺少润滑油	加润滑油
	轴承在珠破碎	更换轴承
加热温度不够或不热	石英加热管损坏	更换石英管
	电阻丝短路	更换电阻丝
	电源接触不良	检验电源线路
某段温度始终不能达到设定值或始终超过设定值	调节器故障	检修故障
	测温元件或回路有故障	清理使管路畅通
	净化空气系统各处压力没调整好	调整时间控制或检修故障
	石英加热管损坏过多或执行器有故障	更换石英加热管或检修故障
箱内洁净度达不到要求	高效过滤器损坏	更换高效过滤器
	高效过滤器安装框密封有泄漏	检修安装密封
	箱内压力小于室内空气压力	重新调整箱内压力
箱内各处压力达不到工艺要求	高效过滤器阻塞	清理或更换高效过滤器
	高效过滤器损坏	更换高效过滤器
	高效过滤器安装框密封有泄漏	检修安装框密封
	洁净空气供应状况变化大	调整稳定洁净空气供应状况
	风闸位置设置不合理	调整风闸高度
	瓶子供应量不足	待机等候瓶子供应

六、维修与保养

（一）维修保养程序

维修保养类别分为小修、大修和保养，其时间间隔期见表 3－6。

表 3－6 维修保养间隔期

维修保养类别	小修	大修	保养
维修保养间隔期	1 500～2 000 h	6 000～7 000 h	日常

（二）维修保养内容

1. 小修

(1) 检查各传动部位的润滑及紧固各部位螺栓。
(2) 检修箱体各开口处、连接处的密封装置。
(3) 检修网带两头连接片与网带平整情况。
(4) 检查层流风机的运行状况及风机轴承润滑情况。
(5) 检查网带拉紧情况与网带定位槽，调整相应位置。
(6) 清洁和检查石英电热管、紧固电热器接线排、电导线接点螺钉。
(7) 检修减速机、电动机传动系统的链条、联轴器。
(8) 检查前后段风闸位置及滑动情况。
(9) 检查 PLC 控制系统中的程序设定和控制显示，有故障应请专业单位排除。
(10) 针对出现的故障进行排除。

2. 大修

(1) 包括小修内容。
(2) 解体检修箱体。
(3) 检查网带两头连接片、网带平整性等损坏情况，必要时更换。
(4) 检查网带拉紧托辊及网带定位槽，必要时更换。
(5) 检查网带主、被动辊及传动机构。
(6) 检查机体变形并消除，检查各焊缝并修复。
(7) 检查、更换各部轴承。
(8) 检查、修理主、被动辊及传动机构。
(9) 检查、更换高效过滤器，并做好层流箱的密封。
(10) 检查、更换损坏的石英电热管。
(11) 检查风机的运行状况，更换风机轴承。
(12) 清洗、检修减速机及检修电机。
(13) 检修全部控制系统。
(14) 组装、调试、试车。

（三）检修前的准备

1. 技术准备

(1) 设备说明书、图样、技术标准等资料。

（2）了解热风循环隧道烘箱的主要技术参数及性能，进行实测，并做记录。

（3）对设备主要技术参数及性能进行预检，并记录。

（4）制订检修方案。

2. 物资准备

（1）更换的备件和检修用材料。

（2）拆装及修理工具、仪器、量具。

3. 安全技术准备

（1）应将更换件和检修工具、仪器等物品及材料进行消毒处理，然后带入设备所在现场。

（2）应切断设备电源，并挂“禁止开启”警示牌。

（3）检修人员进入生产现场必须穿戴无菌工作服，并符合无菌要求。需制定人、机、防火等安全措施。

（4）进入生产现场焊接修补机体，必须同防火部门联系，获得动火许可证后方可操作。

（5）清除设备上的碎玻璃瓶及其他异物。

（四）检修方法

1. 拆卸(传动系统)

（1）拆下电机传动链条。

（2）拆卸刚性联轴器。

（3）拆卸一处网带两头连接片，使网带断开。

（4）松开主、被动辊轴承盖，吊出主、被动辊。

2. 箱体

（1）箱体各段变形(不平)的检查，可用不小于 1 m 长的钢尺检查。

（2）箱体表面裂纹或开焊，采取修平后用氩弧焊补焊，再用角磨砂轮机修磨的方法修复，同一处补焊只能一次。

（3）对变形处整形或反变形处理。

3. 网带输送系统

（1）输送网带平整后，应测两边尺寸差，尺寸差超过规定时，调换中间连接长销轴。

（2）调整网带拉紧装置时，须两侧同步进行。

（3）拆卸网带定位长槽。

4. 加热元件

（1）加热石英管表面如有裂纹和麻点多时，应予更换。

（2）对石英管管壳完好、电阻丝烧断的加热器，应按规定容量更换电阻丝。

（3）检查紧固电热器接线排，必要时拆下调换。

（4）拆卸箱体内减速电机。

（5）拆卸高效过滤器层流箱。

（6）拆卸层流风机。

5. 表冷器

（1）拆卸表冷器各连接管路、角座阀等。

(2) 卸下表冷器与烘箱固定螺丝。

(3) 清洗各表冷器管路。

(五) 装配

装配按拆卸的相反程序进行。

1. 输送网带

(1) 网带经清洗和装配后，其平面不平整度用钢尺检查。

(2) 网带传动系统：

① 主、被动辊(包括二拉紧托辊)经清洗和装配后，进行两轴的平行度、直线度校验。

② 主、被动轴与轴承配合为 H7/k6，轴承座与轴承外壳配合为 J7/h6。

2. 冷却净化系统

(1) 高效过滤器须有检测合格证。

(2) 高效过滤器装配后，需做完整性测试；高效层流箱装配后，需做密封性测试。

3. 仪器仪表

温度控制仪和温度显示等仪器仪表装配后，需做标准校验。

(六) 维修质量标准

1. 滚动轴承

(1) 各滚动轴承安装后，应保证各轴的径向圈跳动量不大于 0.03 mm。

2. 输送网带

(1) 网带两头连接片连接牢固且能活动。网带两边尺寸差不大于±3 mm。

(2) 网带平面不平整度为全宽度上凸或下凹不大于 5 mm。

(3) 网带运行平稳、均匀，网带的端头能在两边网带定位长槽中运行灵活，无卡住现象。

(4) 网带表面应无锈蚀、无瓶屑。

3. 网带传动系统

(1) 主、被动辊两轴平行度为 11 级精度，全长不大于 2.5 mm；其直线度为 8 级精度。

(2) 主、被动辊、轴与轴承配合为 H7/k6，轴承座与轴承外壳配合为 J7/h6。

(3) 拉紧托辊平行度为 11 级精度，全长不大于 2.5 mm；其直线度为 8 级精度。

4. 空气净化系统

(1) 高效过滤器须有检测合格证，或可采用气溶胶穿透率≤0.01%。

(2) 高效过滤器安装后，周边密封不得泄漏。

(3) 送风管道应清理洁净，需用无毛白布擦拭，无任何灰尘、污渍。

(4) 层流风机运行无异常杂音，产生风速为匀速。

风量和风速的调整应保证：预热段空气压力大于室内空气压力 5～10 Pa；冷却段空气压力大于室内空气压力 15～20 Pa；瓶口层流风速≥0.3 m/s。

5. 仪器仪表

设备自控系统中，采集仪与温度显示或温度记录仪温差≤±5 ℃。

6. 表冷器

表冷器安装后，各连接管路应无滴漏。

（七）试车与验收

1. 试车前的准备

（1）清除机体周围障碍物。

（2）检查各部螺栓无松动，防护罩可靠。

（3）点动检查电动机的旋转方向正确。

（4）检查各传动部位运转应灵活，润滑点加注润滑剂。

（5）隧道层流灭菌干燥机进、出口应在 A 级洁净空气之下。

2. 空载试车

（1）常温空载试车。

① 空载试车由低速逐步到高速，在额定转速下连续时间应不少于 2 h。

② 减速器装置工作正常。

③ 运转应无碰擦、噪声和异常振动。

④ 电气设备的绝缘和耐压符合《机械电气安全　机械电子设备　第 1 部分：通用技术条件》（GB 5226.1—2019）规定。

（2）加热空载试车。

① 在常温空载试车正常条件下，依次将电热自控仪表、风机开关打开，使其升温温度至 100 ℃，启动主电动机传送网带。

② 箱体内升温时间，由送电起至达到各段规定温度止，不得超过 40 min。

③ 箱内各工段测温点的温度应符合表 3－7 的要求。

表 3－7　箱内各工段温度

工段	箱体内温度	控制仪表值	仪表与箱体允许误差
预热段	250 ℃	250 ℃	±5 ℃
灭菌段前点	350 ℃	350 ℃	±5 ℃
灭菌段后点	350 ℃	350 ℃	±5 ℃
降温段	250 ℃	250 ℃	+1 ℃
冷却段出口	室温+15 ℃	室温+15 ℃	－5 ℃

④ 各转动部位温升正常。

3. 负载试车

（1）负载试车应在空载试车合格后，在额定转速下进行，时间不少于 1 h。

（2）运转平稳，无异常振动，噪声不大于 70 dB(A)。

（3）推瓶机构工作正常，运转网带不跑偏。

（4）灭菌加热段温度不低于 350 ℃，药瓶在高温区停留时间不少于 5 min。

（5）药瓶出热风循环隧道烘箱的温度不高于室温 15 ℃。

（6）药瓶灭菌干燥后质量符合要求，应无菌、无热原。

（7）各控制装置、仪表可靠。

（8）轴流风机运转无异常杂音，其轴承处的温升小于 60 ℃。

(9) 设备生产能力符合设计要求，即网带速度符合产量要求。
(10) 试车结束，先切断加热电源，待箱体内温度降至 100 ℃，方可停止网带运行。
(11) 箱内尘埃粒子监测，符合 A 级洁净度标准。
(12) 压差测试，各段相对压差大于 0 Pa。
(13) 一般高效过滤器层流箱两端压力差不大于 250 Pa。
(14) 空载热分布试验，各点温度与设定值误差不大于±15 ℃。
(15) 负载热分布和热穿透试验，测试点在经过灭菌 5 min 以后的时间内均高于 350 ℃。
(16) 烘瓶破碎率不大于 1‰。

进度考核评定

◇进度考核题目

一、简答题

1. 简述热风循环隧道烘箱的结构组成。
2. 简述热风循环隧道烘箱的操作过程。
3. 简述热风循环隧道烘箱的维护维修过程。

二、实际操作题

操作并维护维修热风循环隧道烘箱。

◇进度考核评定标准

进度考核评定标准见表 3-8。

表 3-8　进度考核评定标准

编号	考核内容	分值	得分
1	认识热风循环隧道烘箱的结构和熟悉工作过程	30	
2	能正确操作热风循环隧道烘箱	30	
3	能正确维护维修热风循环隧道烘箱	30	
4	保证安全和场地整洁	10	
合　计		100	

项目四 安瓿拉丝灌封机

学习目标

1. 能正确操作安瓿拉丝灌封机。
2. 能正确维护维修安瓿拉丝灌封机。

所需设备和工具

所需设备和工具见表 4 - 1。

表 4 - 1 所需设备和工具

名称	规格	单位	数量
安瓿拉丝灌封机	AAG4/1 - 2 型	台	1
维护维修工具箱		个	1

一、设备的特点及操作

（一）设备特点

AAG4/1 - 2 型安瓿拉丝灌封机适用于安瓿的灌装及拉丝封口生产，其各机构位置如图 4 - 1 所示。设备采用移动齿板上进快、下回慢的矩形输瓶方式，使移动齿板一次送瓶的距离加长，并使瓶停留在固定齿板上的时间充裕，从而提高了整机的工作效率；在送瓶斗下，装有离合装置，可以在不停机的情况下停止瓶斗内安瓿的输送，便于操作；在拉丝上，采用钢丝绳控制机械手，简化了结构；在出瓶口，采用了独特的翻瓶结构，理顺了机构运动方向与出瓶运动方向的一致性，缩短了机器长度和工人操作所需空间长度。

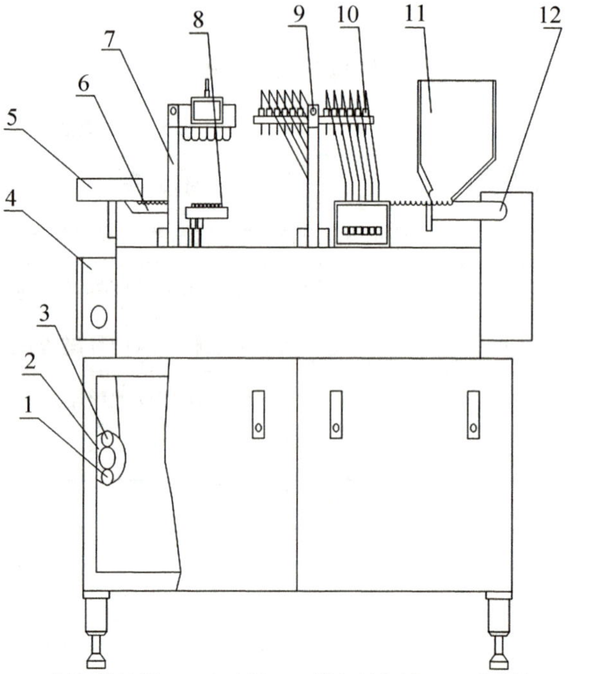

1. 氧气储气罐；2. 电动机；3. 煤气储气罐；4. 减速箱；5. 出瓶斗；6. 送瓶机构；7. 拉丝钳架；8. 火头架；9. 吹灌针架；10. 灌装机构；11. 进瓶斗；12. 进瓶输送机构。

图 4 - 1 AAG4/1 - 2 型安瓿拉丝灌封机各机构位置

（二）设备的操作及调整

1. 进瓶部分

进瓶部分的结构如图 4－2 所示。

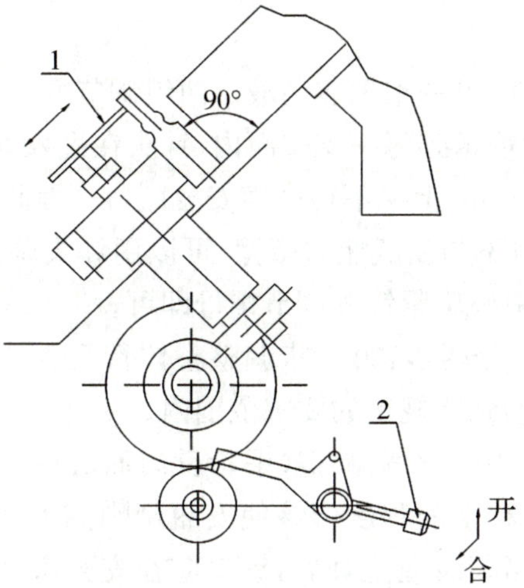

1. 调整输送链的挡板；2. 离合器手柄。

图 4－2 进瓶部分的结构

（1）挡板的调整。

开车前，调整输送链的挡板使安瓿落在输送链槽块中并与底板垂直，以保证安瓿输送平稳，避免产生夹瓶现象。

（2）离合器的使用。

每当安瓿用完需加瓶时，在不停机的情况下可以打开离合器手柄，使输送链停止送瓶，而灌装封口工位上的安瓿又能顺利工作。

2. 针架组部分

针架组部分的结构如图 4－3 所示。

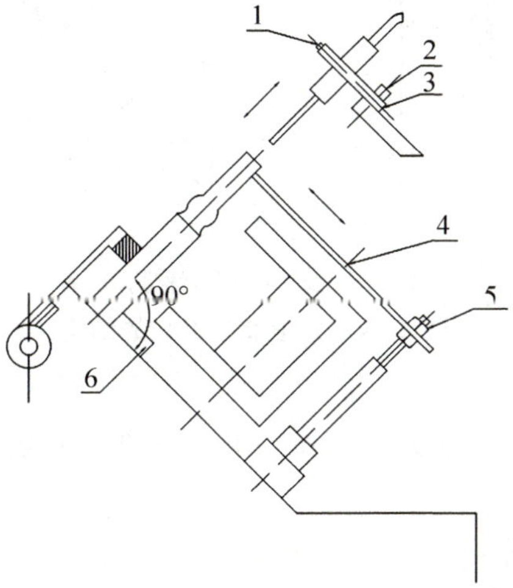

1. 调节针管位的螺钉；2. 针头调节螺母；3. 针头固定板；
4. 安瓿上固定板；5. 上固定板螺母；6. 安瓿下固定板。

图 4－3 针架组部分的结构

（1）安瓿位置调整。

停机用手轮输送一组（12 支）空安瓿放置于针架上，旋松螺母，使安瓿与上固定板及下固定板互成 90°，再调整上固定板的高低，并使上固定板距离安瓿口约 17 mm，然后旋紧上固定板螺母。

（2）针头组的调节。

针头组有两组：一组吹气，另一组灌装药液。两组调节方法相同，特别是药液灌装，为保证泵打出来的药液能及时地输送到每一支安瓿内，针头在进入安瓿时必须时机适当，针头伸入安瓿内距离须超过瓶颈 2 mm，但又不得摩擦安瓿瓶口。因此，可按下列步骤调节。

① 为使针头进入安瓿时不与安瓿瓶口摩擦，可以用针头调节螺母来调整。松动针头固定板并移动，然后对准安瓿中心旋紧针头调节螺母即可。

② 针管在安瓿内的调节分两步：第一步调整整体行程到瓶颈部位，第二步调节针管位的螺钉，使针管微量上下移动到所规定的要求范围内。

③ 上述两点的调节必须用手轮来调整（手轮反向面对操作人员为顺时针，不可逆时针旋转）。转动手轮，针头向下移动的程度应该使安瓿刚刚搁到灌注药液位置（同吹气），这时针头应开始插入安瓿瓶口，当药液灌注好后，针口应在安瓿搬动前退至安瓿瓶口，直到两组针头全部调整好为止。

经过以上调节以后，必须用手轮多转几圈，查看机构工作情况，但必须注意，每个松动的紧固螺钉一定要在调整后旋紧，否则会影响机器的正常运转。

3. *药液装置部分*

药液装置部分的结构如图 4－4 所示。

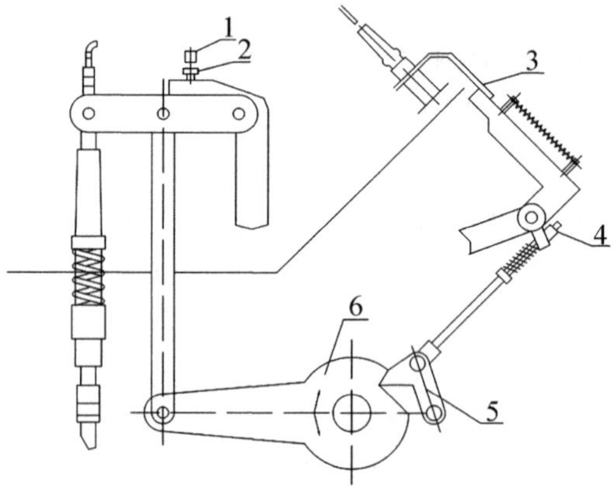

1. 调节螺杆；2. 拼帽；3. 压脚；4. 调节螺母；5. 棘抓；6. 罐装摆杆。

图 4－4　药液装置部分的结构

（1）药液装量的调节。

松开拼帽，旋动调节螺杆上下调节可对药液装量进行调整，用量杯确定测试值后，旋紧拼帽，调整完毕。

（2）自动止灌装置的调节。

自动止灌装置是防止机器在生产过程中个别工位缺瓶或安瓿用完但机器仍在运转时药液继续灌装的装置。本机采用的机械止灌装置相比电子止灌装置更稳定。

① 工作原理：灌装凸轮带动摆臂使压脚摆动。当压脚压到安瓿时，棘爪插入灌装摆杆的缺口，使灌装顺利工作。若无安瓿在灌装工位上，则棘爪离开缺口，使灌装摆臂停止摆动，玻璃泵停止上下运动而自动停止灌液。

② 调节方法：根据工作原理，调整调节螺母，使无瓶时棘爪离开缺口，而有瓶时棘爪插入缺口，反复调整直到灌装顺利为止。

4. 燃气头的调节

本拉丝灌封机所使用的燃气为煤气加氧气或液化气加氧气，使用时对气体进行压力控制。煤气和液化气的气压控制在 0.9～1 kPa，氧气压力控制在 0.08～0.1 MPa，在封口时只需将煤气和氧气按一定比例混合就能对安瓿进行加热。

拉丝封口是否光滑严密，与火焰大小、燃气位置高低及安瓿转动是否均匀有关，因此从以下几方面进行调整。

(1) 燃气头和火焰大小的调节。

煤气、氧气接线图如图 4－5 所示。

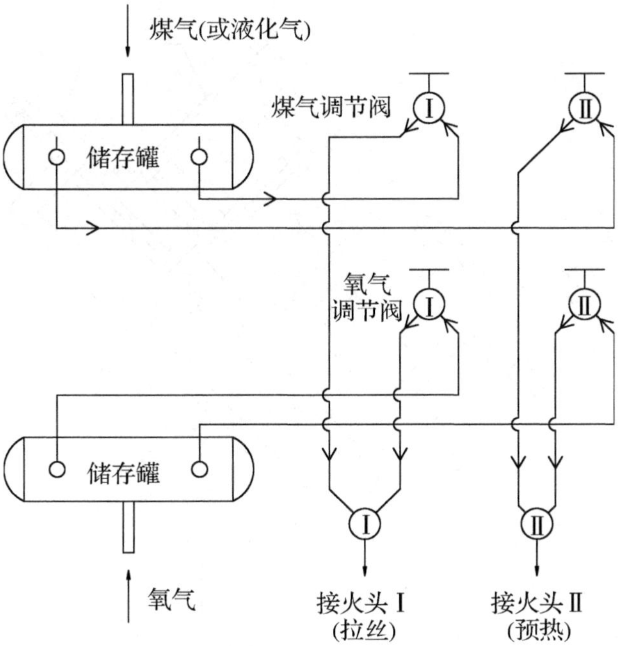

图 4－5　煤气、氧气接线图

燃气头开关接在面板上，先开煤气开关，点火后再开氧气开关(切不可先开氧气开关)，煤气和氧气调节阀将储气罐中的煤气和氧气分别送至火头，并控制其大小，混合燃烧后产生火焰。一般蓝白色火焰为最佳，绿色或红色火焰表示温度太低，可以通过提高氧气的比例来改善。

在燃气头点火时，应先开燃气总开关，在熄火时也应先关燃气总开关，以确保安全。

(2) 燃气位置高低的调节。

燃气位置调节部分的结构如图 4－6 所示。

调节螺钉 1，使火头架上的火焰与安瓿保持一定距离(约 12 mm)，调整调节螺钉 2，使火点的火焰距离安瓿约 8 mm，然后根据安瓿预热或加热来调节火焰大小。

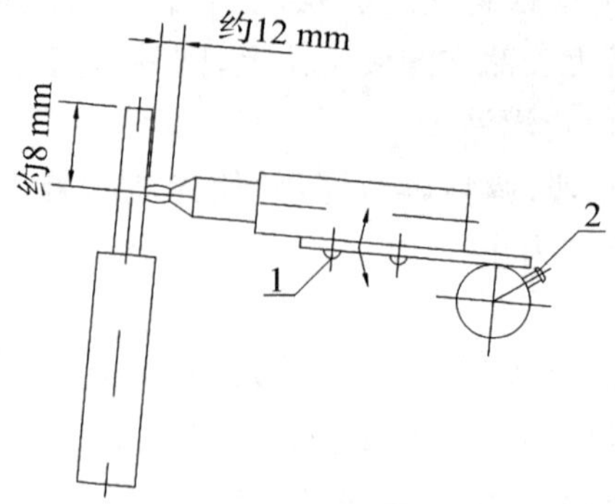

1、2. 螺钉

图 4-6　燃气位置调节部分的结构

5. 拉丝钳部分

拉丝钳部分的结构如图 4-7 所示。

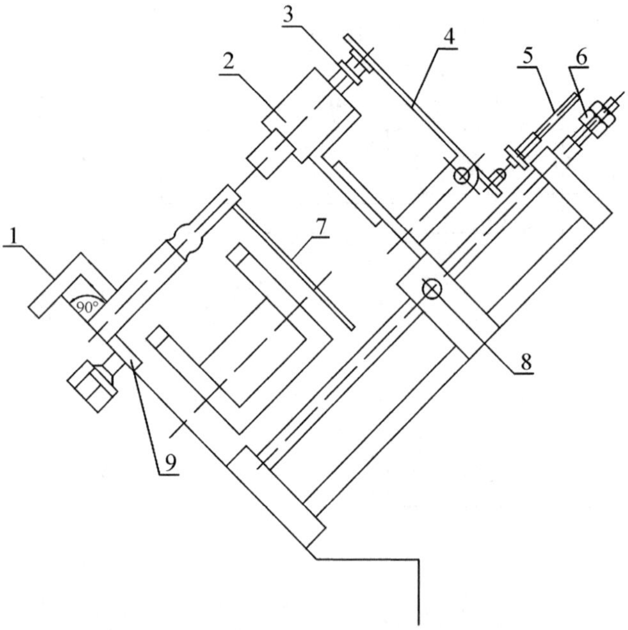

1. 调整压杆；2. 拉丝钳；3. 调节螺栓；4. 压板；
5. 钢丝绳；6. 微调螺母；7. 钳座；8. 上固定板；9. 托轮。

图 4-7　拉丝钳部分的结构

安瓿封口的好坏，除与火焰大小有关系外，还与安瓿在拉丝工位上的转动情况、拉丝钳拉丝位置、力大小有关。因此，拉丝钳上下位置、时间调节得适当与否，对拉丝封口起到相当大的作用，其调整方法如下。

（1）保证安瓿旋转。

调整压杆使其上轴承压在安瓿上旋转自如，同时托轮及上固定板使安瓿垂直于底板，这样能保证旋转平稳。

(2) 拉丝钳位置调整。

通过钳座对拉丝钳进行粗调，使拉丝钳钳口到达安瓿拉丝部位，然后观看拉丝情况，再对微调螺母进行微调，修正钳口位置，使拉丝钳拉丝达到技术要求。

(3) 拉丝钳开、闭的调整。

开钳凸轮转动，使钢丝绳上下运动，压板上下运动，从而使拉丝钳开闭，完成拉丝动作，调节螺栓可微调钳口开合大小。

二、设备的使用、保养与安装

1. 设备的使用及保养

(1) 每次开机前用手轮转动设备，查看转动是否有异常现象，确定正常后方可开车。

(2) 调整设备时，工具使用要适当，严禁用过大的工具或力量来拆卸零件，避免损坏机件或影响设备性能。

(3) 每当对设备进行调整后，一定要将松过的螺钉紧固，再用手轮查看各工位动作是否协调，确认一切无误后方可开车。

(4) 燃气头应经常根据火头大小来判断是否良好，因为燃气头的小孔使用一段时间后，容易被积碳堵塞或变形而影响火力。

(5) 设备必须保持清洁，严禁设备上有油污、药液或玻璃碎屑，以免造成设备损蚀，故必须注意如下几点：

① 设备在生产过程中，及时清除药液或玻璃碎屑。

② 交班前将机器各部位清洗一次，对机器表面运动部位进行润滑。

③ 每周应大擦洗一次，特别是将平常使用中不容易清洗到的地方擦净，或用压缩空气吹净，对设备传动部位进行润滑。

④ 应经常检查设备气源接口是否有松动，皮管是否有破损，松动应紧固，破损皮管应更换。

2. 设备的安装

(1) 设备安装前应清洗干净。

(2) 检查设备，查看在装运过程中有无损坏松动。

(3) 将各润滑点加新润滑油。

(4) 用手轮转动设备，检查各工位是否正确。

(5) 检查电路系统、灌装系统、燃气系统、气源系统是否正确。

(6) 上述工作准备好后，卸下三角皮带，接通电源，须观察电动机主动轮是否顺时针旋转(图 4－8)，方向正确后，方可装上皮带开车。

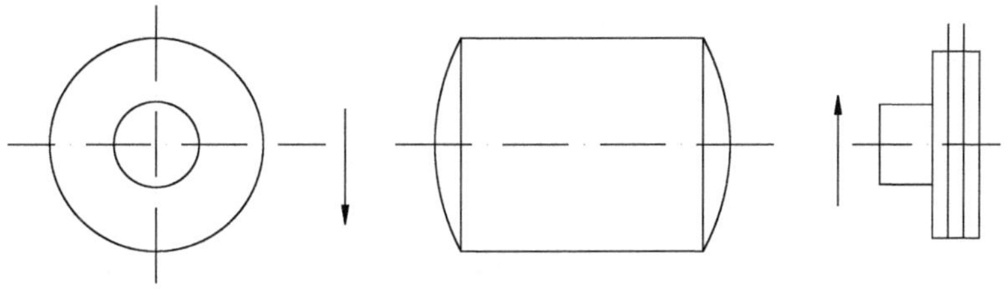

图 4－8　电动机主动轮

进度考核评定

◇ 进度考核题目

一、简答题

1. 简述安瓿拉丝灌封机的组成。
2. 简述安瓿拉丝灌封机的操作过程。
3. 简述安瓿拉丝灌封机的维护维修过程。

二、实际操作题

操作并维护维修安瓿拉丝灌封机。

◇ 进度考核评定标准

进度考核评定标准见表 4－2。

表 4－2　进度考核评定标准

编号	考核内容	分值	得分
1	熟悉安瓿拉丝灌封机的结构和工作过程	30	
2	能正确操作安瓿拉丝灌封机	35	
3	能正确维护维修安瓿拉丝灌封机	25	
4	保证安全和场地整洁	10	
合　计		100	

项目五　安瓿检漏灭菌柜

学习目标

1. 能正确操作安瓿检漏灭菌柜。
2. 能正确维护维修安瓿检漏灭菌柜。

所需设备和工具

所需设备和工具见表 5－1。

表 5－1　所需设备和工具

名称	规格	单位	数量
安瓿检漏灭菌柜	AM－0.3 型	台	1
维护维修工具箱		个	1

一、设备概述

（一）专用语的含义

（1）灭菌柜(装置)：构成高压蒸汽设备的整体，有容器本体、门、电气控制系统及配管系统。

（2）筒体：灭菌柜中主要构成压力容器的部分。

（3）内车：放在内筒中装有灭菌物的带轮框架。

（4）外车：用于运送内车的带轮推车。

（5）灭菌：杀死或除掉物质中全部微生物。

（6）饱和蒸汽：将水装入容器中，在一定压力条件下进行加热，当达到一定的温度时，温度不再上升，开始产生蒸汽，产生的这种蒸汽叫作饱和蒸汽。

（7）生物指示剂：将对灭菌处理抵抗性高的微生物接种于试纸上，包装起来，作为判断灭菌效果的指示剂。

（8）化学指示剂：将随灭菌时温度的变化而变色的特殊印油等涂在纸上，作为灭菌条件的指示剂。

（9）正压：指以大气压力为基准的正侧压力。

（10）负压：指以大气压力为基准的负侧压力。

（二）工作条件

（1）水源压力：0.15～0.3 MPa。

（2）汽源压力：0.3～0.6 MPa。

（3）压缩空气压力：0.4～0.8 MPa。

（4）色水压力：0.1～0.2 MPa。

（5）环境温度：不超过 45 ℃。

(6) 为保证安全，在筒体内设有安全阀，当压力超限时，安全阀开启，排出内部蒸汽，降低筒内压力。

二、结构特征

(1) AM－0.3 型安瓿检漏灭菌柜中，灭菌室采用 SUS304 不锈钢板压制而成，无锈蚀，无污染；保温层采用性能优良的聚氨酯材质，现场发泡工艺制作。

(2) 管路系统由角座式气动阀、过滤器、单向阀、真空泵及各种管件连接而成。灭菌器的管路系统主要有角座阀、循环泵、真空泵及其他阀件。

(3) 控制系统由触摸屏、PLC、压力控制器及其他方式输入的开关量、模拟量进行处理，输出不同的控制信号，自动完成控制过程。

(4) 喷淋系统采用螺旋式喷嘴，喷出的冷却水呈环形雾状，密布于整个柜体，无死角，能使安瓿均匀冷却。

(5) 检漏系统可设置为真空检漏或色水检漏，能使色水回用。

三、设备操作

（一）面板布局

前面板和后面板的操作示意图如图 5－1 和图 5－2 所示。

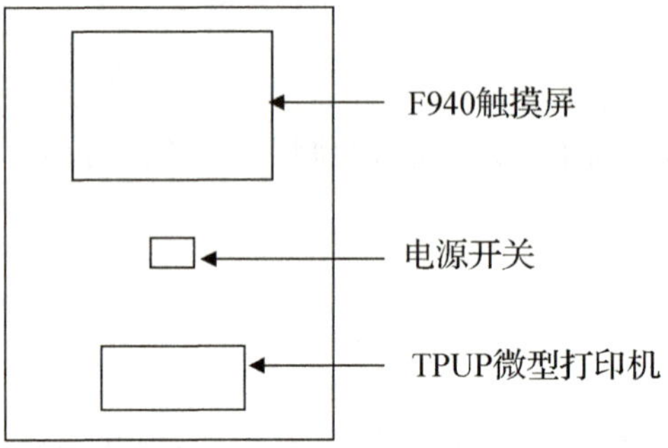

图 5－1　前面板操作示意图

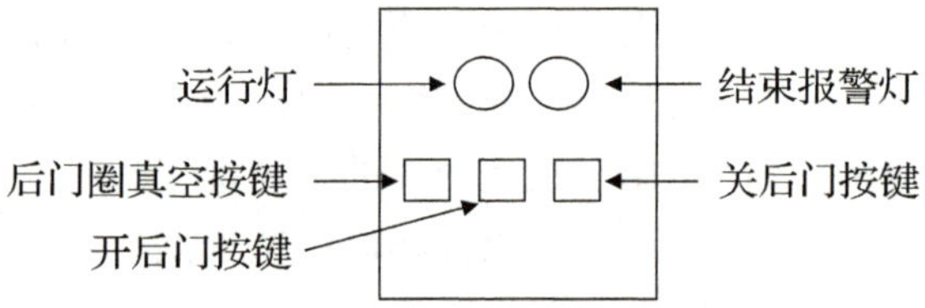

图 5－2　后面板操作示意图

（二）触摸屏操作程序

(1) 开机画面(图 5－3)：显示生产厂家商标，点击厂家商标进入主控界面(图 5－4)。

图 5－3　开机画面

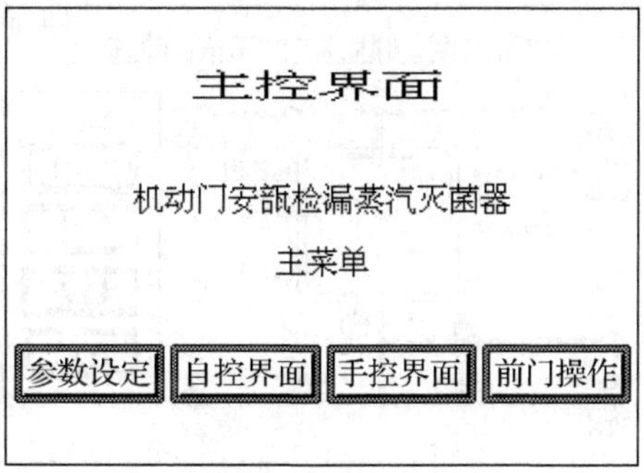

图 5-4　主控界面

(2) 主控界面:选择要进入的程序界面。

(3) 参数设定界面(图 5-5):按“数据设置”键,可修改灭菌时间、清洗时间参数,按“返回”键返回主控界面。

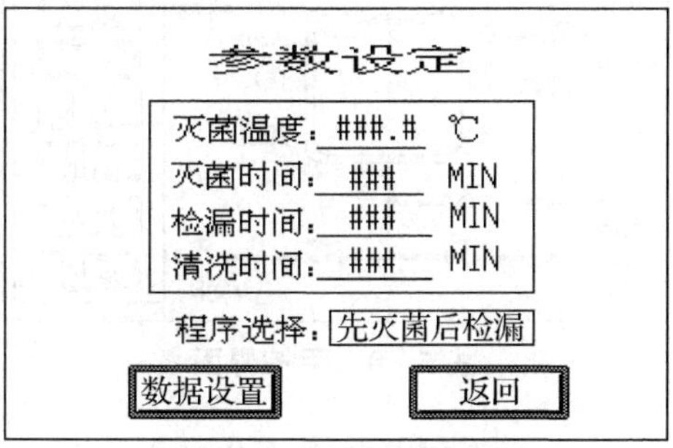

图 5-5　参数设定界面

(4) 前门操作界面(图 5-6):显示前门操作状态,按“返回”键返回主控界面。

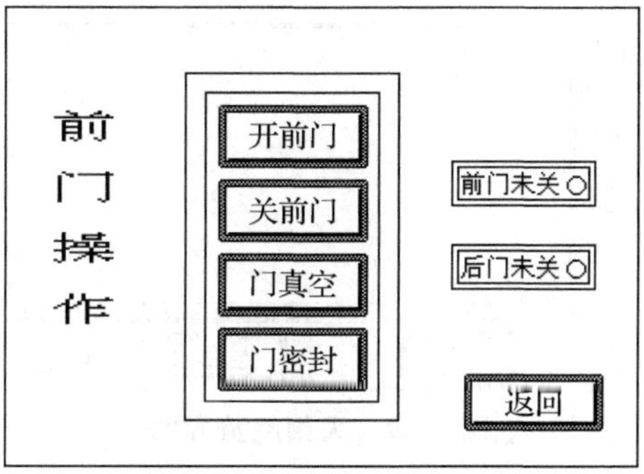

图 5-6　前门操作界面

(5) 自控界面(图 5-7):实时显示程序运行状态、各种灭菌参数、报警状况。按“返回”键返回主控界面。按“趋势”键实况显示温度曲线界面。

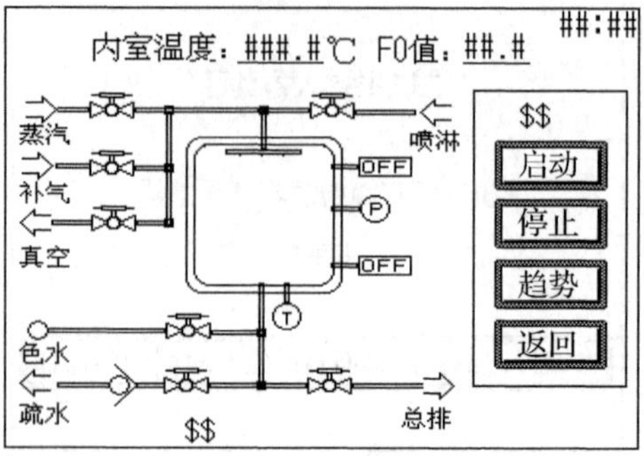

图 5-7　自控界面

(6) 手控界面(图 5-8)：手动控制灭菌程序，显示各阀门控制状态、水位状态、报警状态。按"返回"键返回主控界面。

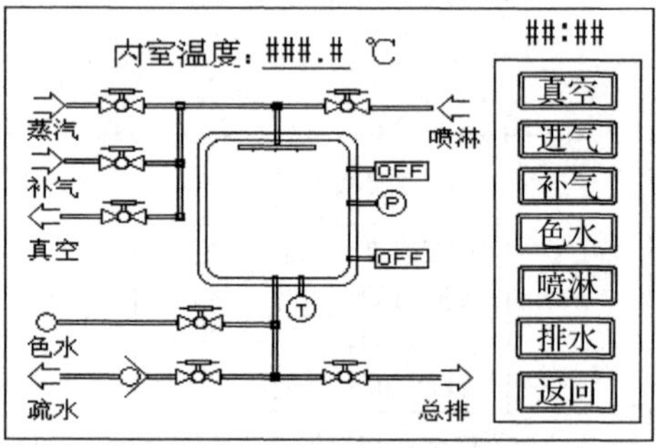

图 5-8　手控界面

(7) 灭菌趋势界面(图 5-9)：实时显示温度变化动态曲线，按"打印"键即时控制打印输出，按"返回"键返回自动控制界面。

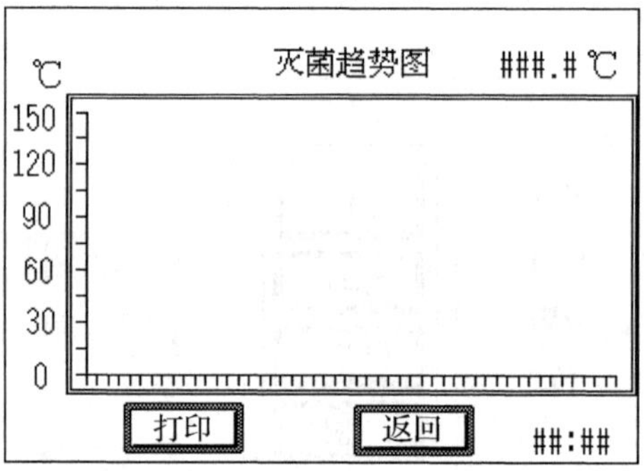

图 5-9　灭菌趋势界面

(三) 操作步骤

1. 关门

在关门前，要检查一下门的密封材料有无开裂、损伤与污物；检查筒体与门的密封材料的接触面有无损伤及污物，压缩空气是否到位，门密封条是否凸出太多，如是，则按一下门真空，把密封条收进去。关门时，一手轻按门口侧门板，另一手按关门键。

2. 开门

只有内筒的压力与外界大气压相等时才可以把门打开。

(1) 开门前必须确认下列各项:

① 内室压力为 0 MPa。

② 必须在准备状态或结束状态。

③ 门自锁装置解除。

(2) 根据国家对压力容器安全性能的规定,本装置设有安全联锁装置,在内室压力大于 0.01 MPa 时门自锁,此时门无法打开。

(四) 操作程序

(1) 打开水源、气源。

(2) 打开蒸汽旁路阀,放掉冷凝水,当听到管道内有蒸汽流动声时,关闭旁路阀,打开蒸汽阀。

(3) 打开电源,开门装物。

(4) 关门,触摸屏显示“门已关”“准备”字串。

(5) 按启动触摸键,进入自动操作程序:真空、升温、灭菌、检漏、清洗、结束。

(6) 开门取物:当灭菌室压力接近 0 MPa 时,按门圈真空键 10 s 左右,开门。

(7) 关闭能源阀。

(8) 关闭电源。

四、灭菌工作程序

灭菌工作程序包括准备、真空、升温、灭菌、检漏、清洗、结束。

(1) 准备:前后门关到位,空气压到位,触摸屏显示“准备”字样。

(2) 真空:按启动触摸键,运行灯亮,真空泵启动,当室内真空度达到预设值时,转入升温。

(3) 升温:灭菌室压力不断上升至设定压力;温度持续上升至设定值,转入灭菌。

(4) 灭菌:灭菌室温度、压力稳定在设定值,触摸屏自动累加 Fo 值,至设定灭菌时间和 Fo 值,转入检漏。

(5) 检漏:灭菌室排汽至零压位,进色水,至液位上限,抽真空进行负压检漏,真空计时到,进压缩空气正压检漏,计时到,排色水至液位下限,转入清洗。

(6) 清洗:喷淋泵运转,清洗瓶壁残留色水,至设定清洗时间、次数,清洗结束,排水至液位下限,自动打印灭菌参数。

(7) 结束:打印结束,运行灯灭,结束报警灯亮,发出蜂鸣,开门取物。

灭菌程序简述如下:

装车$\xrightarrow{\text{人力}}$进灭菌室$\xrightarrow{\text{F940}}$关门$\xrightarrow{\text{F940}}$程序开始$\xrightarrow{\text{自动}}$抽真空$\xrightarrow{\text{到真空位}}$进蒸汽升温$\xrightarrow{\text{灭菌温度到}}$灭菌计时$\xrightarrow{\text{灭菌计时到}}$排汽$\xrightarrow{\text{到零压位}}$进色水$\xrightarrow{\text{到液位上限}}$抽真空检漏$\xrightarrow{\text{真空计时到}}$进压缩空气正压检漏$\xrightarrow{\text{计时到}}$排色水$\xrightarrow{\text{到液位下限}}$第一次喷淋清洗$\xrightarrow{\text{清洗计时到}}$第二次喷淋清洗$\xrightarrow{\text{清洗计时到}}$排水$\xrightarrow{\text{到液位下限}}$程序结束$\longrightarrow$开门

五、使用注意事项

（一）使用前注意事项

（1）安装空间通风状况是否良好。

（2）灭菌柜大门开关是否通畅。

（3）门密封条是否完好。

（4）各能源供给是否正常。

（二）日常使用及维护事项

（1）在放入或取出灭菌物时，注意不要被碎玻璃扎伤。

（2）在使用过程中，须经常确认压力表的指示情况。当压力达 0.25 MPa 以上时，要关闭进蒸汽阀，切断电源，对供蒸汽的管路进行检查。

（3）每次使用前，请检查内筒及内筒排汽口上有无污物。如过滤网上堆有杂物，灭菌可能会不完全或干燥不良。

（4）不能用潮湿酸性物擦洗屏面。

六、常见故障及处理方法

1. 按启动键进不了真空程序

屏幕程序是否显示有“准备”字串，门是否关到位。

2. 真空泵不运转或不抽真空

（1）确认 380 V 电源是否已接通。

（2）确认给水管道是否有故障。

（3）确认交流接触器、真空阀是否动作。

3. 门不能打开

（1）确认是否在准备或结束状态。

（2）确认内筒压力是否是 0 MPa。

4. 门关不上

（1）确认门密封圈是否损坏。

（2）确认气缸运行是否顺畅。

5. 升温时间过长

（1）确认灭菌室压力是否为设定值。

（2）确认疏水状态是否良好。

七、维护

1. 门的密封材料

门的密封材料是本设备的门与筒体之间密封的主要部件，要定期检查，发现损伤时要及时更换(一般 1～2 年)。

2. 门机构

门机构是经常开关的部位，一定要注意螺栓是否松动，并定期检查。

3. 安全阀

每隔1个月将安全阀拉杆拉起，反复排汽数次，以防失灵。

4. 过滤器

每月清洗蒸汽过滤器和水过滤器滤网。

5. 单向阀

每月检查一次。

6. 压力表

定期检查，一般每年校对一次。

7. 空气过滤器

一般1～2年更换。

8. 真空泵

(1) 泵在极限真空下工作时会产生强烈的爆裂声，此工况会对设备造成损害，可通过调整渗气阀螺栓消除噪声。

(2) 若泵长期停用，应放尽泵内的水，以防生锈锈死。若再次使用，启动前应先用手盘动泵的带轮几圈，方可通电启动。

(3) 定时检查电机电流值，不得超过电机额定电流。

进度考核评定

◇进度考核题目

一、简答题

1. 简述安瓿检漏灭菌柜的组成。
2. 简述安瓿检漏灭菌柜的操作过程。
3. 简述安瓿检漏灭菌柜的维护维修过程。

二、实际操作题

操作并维护维修安瓿检漏灭菌柜

◇进度考核评定标准

进度考核评定标准见表5-2。

表5-2　进度考核评定标准

编号	考核内容	分值	得分
1	熟悉安瓿检漏灭菌柜的结构和工作过程	30	
2	能正确操作安瓿检漏灭菌柜	35	
3	能正确维护维修安瓿检漏灭菌柜	25	
4	保证安全和场地整洁	10	
合　计		100	

项目六 西林瓶冻干生产线灌装、冷冻干燥和轧盖设备

任务一 拨块直线式灌装机

学习目标

1. 能按要求操作 YG－KBG 型拨块直线式灌装机。
2. 能按要求维护维修 YG－KBG 型拨块直线式灌装机。

所需设备和工具

所需设备和工具见表 6－1。

表 6－1 所需设备和工具

名称	规格	单位	数量
拨块直线式灌装机	YG－KBG 型	台	1
维护维修工具箱		个	1

一、结构特征与工作原理

YG－KBG 型拨块直线式灌装机是抗生素瓶水针剂或冻干生产线的主要设备，用于药厂小剂量抗生素水剂的灌装及半加塞（或全加塞）工序，是抗生素洗、烘、灌、加塞联动机组的主要组成部分之一。该设备既可连线，也可单机使用。全机可完成进瓶、定量灌装、理塞、送塞、加塞等工序，具有缺瓶、倒瓶、缺塞自动停机，无级调速等功能，采用陶瓷泵计量灌装。加塞部分采用旋转跟踪压塞机构。伺服灌装速度：100～2 400 r/min；装量：100～99 999 mg；使用电源：220 V/50 Hz。

其主要工作原理是直线式进瓶、陶瓷泵灌装和旋转跟踪压塞，从而完成整个灌装压塞工艺。主要结构包括进出瓶机构、陶瓷泵灌装机构、胶塞振荡器及压塞机构、同步带传动输送机构、箱内传动机构及控制系统等。

进出瓶机构：由进瓶转盘和输送机构组成。进瓶转盘对待灌装瓶缓冲整理后，推入输送链板，灌装压塞后的瓶子由输送链板送入接瓶盘。

陶瓷泵灌装机构：采用十头陶瓷泵跟踪灌装，通过伺服电机控制陶瓷泵的运动行程，从而调节灌装量。

胶塞振荡器及压塞机构：通过振荡频率使料斗内的胶塞定向和输送，并在轨道末端释放胶塞，由旋转压塞机构进行跟踪压塞，压塞成功率可达 99.5%以上。

同步带传动输送机构：采用机械传动方式进行送瓶，由单面齿形同步带将瓶子托起进行输送，从而准确地控制了待灌装瓶的运行轨迹，使灌装针头能准确地插入到待灌装瓶内；同

时，由于用同步带进行托瓶传送，可以减少由瓶子与设备零部件摩擦产生的微粒。

箱内传动机构：箱内通过电机、齿轮副、减速器、间歇分度机构、凸轮副和链传动机构提供执行工位所需动力。

控制系统：采用变频电机达到变频调速功能。

YG－KBG 型拨块直线式灌装机必须在 B 级洁净环境(局部 A 级)进行生产。灌装机加塞通过抽真空来完成胶塞的吸放，使用时需配置真空泵，真空度约为 0.06 MPa。电源应为三相五线制(三相火线、一根零线、一根地线)。

(一) 总体结构

YG－KBG 型拨块直线式灌装机的结构如图 6－1 所示。

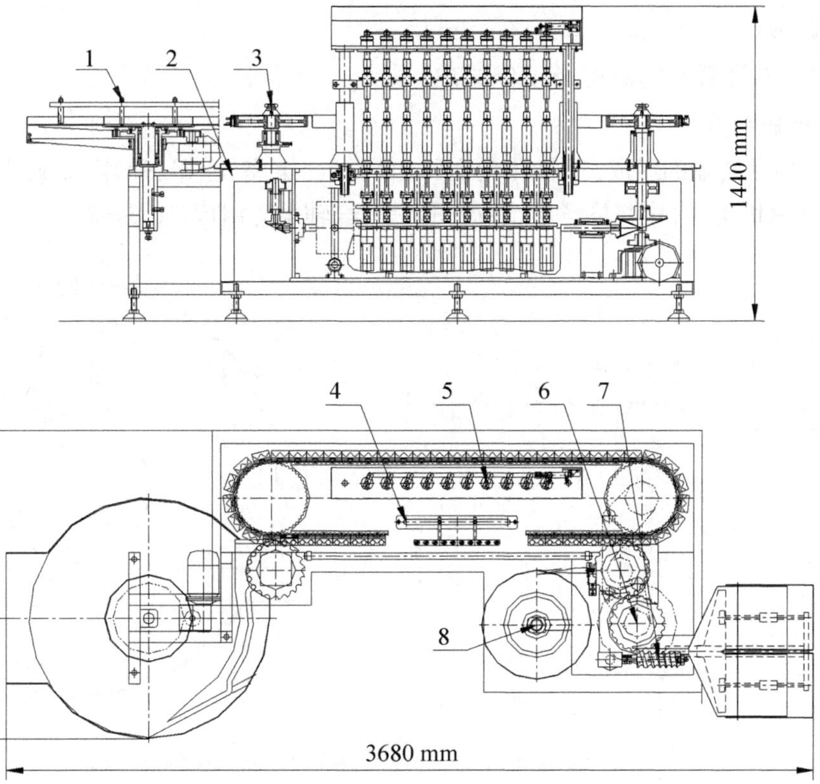

1. 理瓶转盘；2. 机架；3. 同步带转动输送机构；4. 跟踪灌装机构；5. 陶瓷泵灌装机构；6. 跟踪加塞机构；7. 出瓶机构；8. 振荡器。

图 6－1　灌装机的结构

(1) 理瓶转盘：用来将杂乱无章的待灌装瓶缓冲整理后，推入输送链板，使待灌装瓶规范地进入进瓶绞龙，以便于灌装加塞。

(2) 机架：是设备的骨架。

(3) 同步带转动输送机构：经同步带转动，瓶子通过理瓶转盘被推到进瓶拨轮，进瓶拨轮将瓶子自动拨入同步带 T 型块上，T 型块通过同步带的传动将瓶托动传送，从而完成灌装、压塞等工序。由于瓶子在传送过程中无摩擦，整个灌装过程中不会产生微粒，完全符合 GMP 要求。

(4) 跟踪灌装机构：通过凸轮的传动完成跟踪灌装过程。

(5) 陶瓷泵灌装机构：选用微电脑控制脉动频率，从而准确控制陶瓷泵灌装装量。同时，增加了一套回吸针头内液体的机构，其作用是在灌装过程中使针管随液面的上升而提升，当停止灌装时使针头内的液体回吸返入针管。回吸返入针管的液体的量可由调整步数来控制，确保整个灌装过程中无药液的滴漏。

(6) 跟踪加塞机构：通过振荡器将胶塞送入下塞轨道，下塞轨道将胶塞送入压塞盘，压塞盘通过真空将胶塞吸紧后与瓶子做同步运动，利用凸轮的曲线运动，将胶塞压入瓶内，从而完成加塞工艺。通常情况下，半加塞或全加塞只需要调整压塞盘的高度即可。

(7) 出瓶机构：通过出瓶拨轮将瓶子拨出至接瓶盘。

(8) 振荡器：能过激振器的电磁振荡将杂乱无章的胶塞理顺后，通过下塞轨道将胶塞送入加塞机构。

（二）主要部件的结构及工作原理

1. 理瓶转盘

(1) 理瓶转盘的组成：理瓶转盘主要由转盘固定座、栏栅、弹片、立式齿轮减速马达、倒瓶自动剔除机构、弹片调整螺丝、转盘固定螺丝、轴承等组成(图 6-2)。

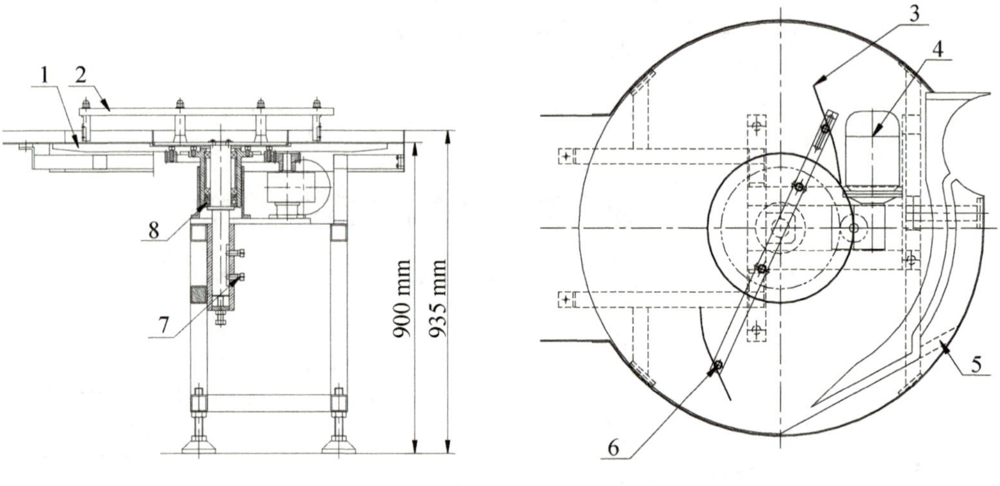

1. 转盘固定座；2. 栏栅；3. 弹片；4. 立式齿轮减速马达；
5. 倒瓶自动剔除机构；6. 弹片调整螺丝；7. 转盘固定螺丝；8. 轴承。

图 6-2 理瓶转盘的组成

(2) 理瓶转盘的工作原理：隧道烘箱内的瓶灭菌冷却后，被网带的推力推入理瓶转盘内。转盘将杂乱的瓶子理顺后，利用转盘转动的向心力，将瓶子推入进瓶轨道，进瓶轨道再将瓶子送入灌装绞龙和输送网带上。为了防止倒瓶，此转盘设置了倒瓶自动剔除机构，可通过转盘的向心力将倒伏的瓶子剔除。

转盘的动力由型号为 NMRV050-40-0.37-F1-AS1-B6(50 型减速器，减速比为 40∶1；电机为 370 W)的蜗轮蜗杆传动。

理瓶转盘在运转过程中，如出现瓶子倒伏，不能用手去扶瓶，这样可能会碰倒大量瓶子，从而影响自动剔除机构的连续性。若出现大面积倒瓶，须停止转盘运转，将瓶扶好后再开机运行，否则可能会出现卡瓶或破瓶现象。

(3) 轴承的更换:由于轴承受使用寿命的限制或受外力因素的影响,使用到一定时期需要进行更换。一般情况下,当理瓶转盘开启时,如转盘台面出现跳动或瓶子在转盘上倒伏现象严重,则需要更换轴承。更换方法:拆除与轴承相关的螺丝,准备相同型号的轴承(51212#轴承 1 只,6012 轴承 2 只),按与拆卸相反的顺序进行安装。

2. 拨块输送机构

(1) 拨块输送机构的组成:拨块输送机构主要由主输送电机、进瓶拨轮、T 型块、同步带、同步带轮、进瓶栏栅等组成,如图 6-3 所示。

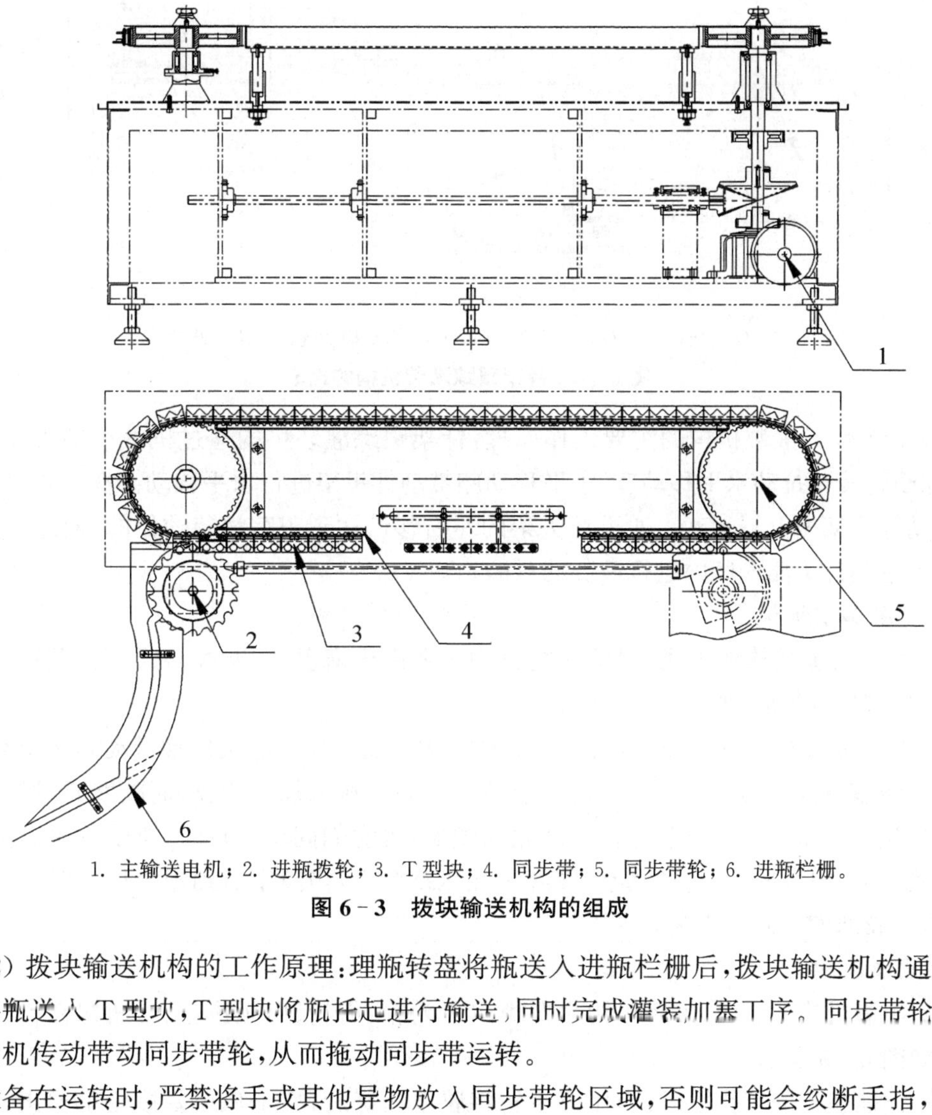

1. 主输送电机;2. 进瓶拨轮;3. T 型块;4. 同步带;5. 同步带轮;6. 进瓶栏栅。

图 6-3　拨块输送机构的组成

(2) 拨块输送机构的工作原理:理瓶转盘将瓶送入进瓶栏栅后,拨块输送机构通过进瓶拨轮将瓶送入 T 型块,T 型块将瓶托起进行输送,同时完成灌装加塞工序。同步带轮通过主输送电机传动带动同步带轮,从而拖动同步带运转。

设备在运转时,严禁将手或其他异物放入同步带轮区域,否则可能会绞断手指,或者损坏同步带轮,从而影响设备的正常运转。如果瓶子倒伏现象严重,应立即停机,否则由于进瓶拨盘与栏栅的挤压,可能会引起爆瓶,爆瓶飞溅的玻璃屑会划破皮肤或刺伤眼睛。

3. 针架跟踪灌装机构

(1) 针架跟踪灌装机构的组成:针架跟踪灌装机构主要由针头架、摆杆、升降移动座、水平移动座、跟踪凸轮等组成,如图 6-4 所示。

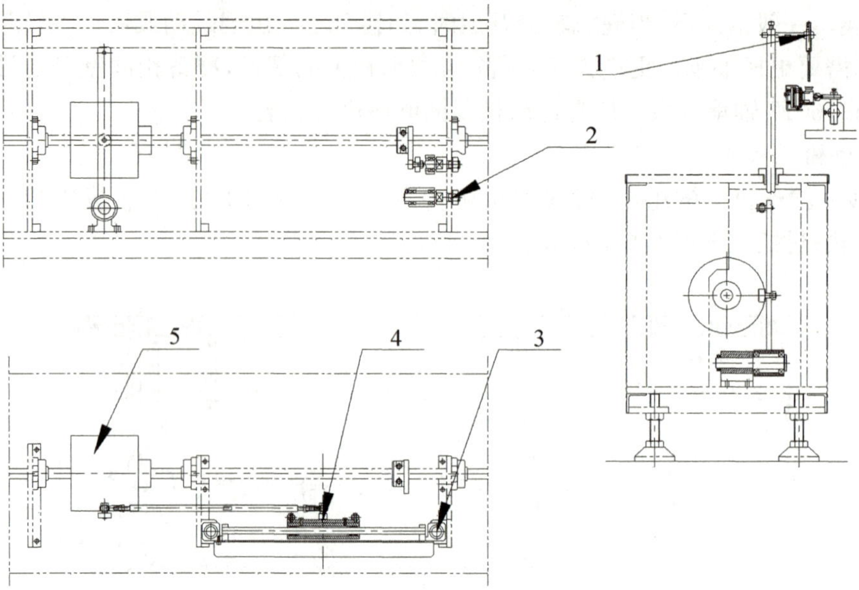

1. 针头架；2. 摆杆；3. 升降移动座；4. 水平移动座；5. 跟踪凸轮。

图 6－4　针架跟踪灌装机构的组成

（2）针架跟踪灌装机构的主要工作原理：针架跟踪灌装机构通过机械传动带动跟踪凸轮，跟踪凸轮旋转拉动水平移动座，水平移动座带动针头架进行水平移动。摆杆带动升降移动座拉动针头架做上下运动。通过针头架的左右移动达到跟踪灌装的目的，通过针头架的升降运动达到针头插入瓶内进行灌装的目的。

4. 跟踪加塞机构

（1）跟踪加塞机构的组成：跟踪加塞机构主要由压塞盘、加塞拨盘、衬盘、塑料气嘴、气接头、同步带轮等组成，如图 6－5 所示。

（2）跟踪加塞机构的工作原理：跟踪加塞机构主要通过主电机传动带动同步带轮，使加塞拨盘与压塞盘同步运行。拨块机构将灌装后的瓶子送入加塞拨盘，而胶塞通过振荡器被有规律地送入压塞盘。由于瓶底接触凸轮曲线面，当它们同步运行时，瓶子慢慢向上提升，从而达到压塞的目的。通过抽真空，胶塞吸在压塞盘上，当胶塞压到理想位置时，真空自动断开，这样胶塞就牢固地压在瓶内了。

5. 出瓶机构

（1）出瓶机构的组成：出瓶机构主要由出齿轮箱、齿轮、出瓶拨盘、出瓶螺杆、接瓶盘等组成，如图 6－6 所示。

（2）出瓶机构的工作原理：当压塞拨轮将胶塞压好后，瓶子从压塞拨轮里送出，出瓶拨轮将瓶送入出瓶螺杆，再由出瓶螺杆将瓶推入接瓶盘，完成整个生产工艺。

（三）辅助装置结构特征、规格件和易损件的更换

1. 进瓶拨轮

（1）进瓶拨轮的组成：进瓶拨轮主要由手轮、压板、进瓶拨轮、拨轮座、拨轮轴、轨道支撑板、轴座、衬套、同步带轮、垫片等组成，如图 6－7 所示。

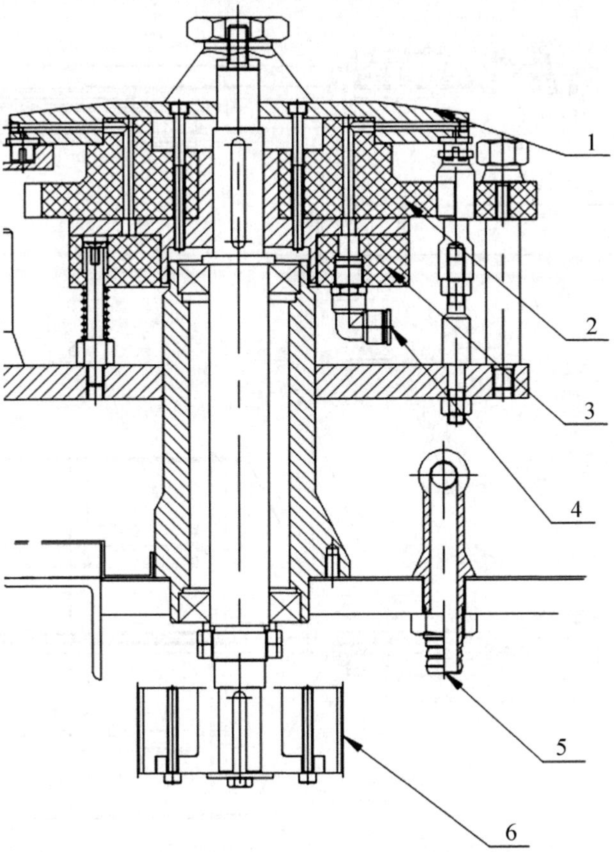

1. 压塞盘；2. 加塞拨盘；3. 衬盘；4. 塑料气嘴；5. 气接头；6. 同步带轮。

图 6-5　跟踪加塞机构的组成

(2) 规格件与易损件的调节与更换：

① 进瓶拨轮的调节与更换：

a. 进瓶拨轮的调节：生产过程中，由于操作不当或卡瓶等特殊原因，会出现进瓶拨轮与同步带上的 T 型拨块不同步，从而导致出现卡瓶、破瓶等设备故障。出现上述情况时，则需调整进瓶拨轮位置。其调整方法为逆时针方向旋转手轮，松开后，旋转进瓶拨轮，使进瓶拨轮轮齿与同步带上 T 型块齿口对齐，再拧紧手轮。

b. 进瓶拨轮的更换：生产过程中，由于设备生产工艺的不同，当更换不同的瓶子进行生产时需要更换进瓶拨轮。更换方法：逆时针方向旋转手轮，松开后取下压盘，再拧下拨轮压紧螺丝，取下进瓶拨轮，准备好与瓶子直径相配套的进瓶拨轮，按与拆卸相反的顺序进行安装。

② 同步带轮的更换：由于同步带轮的材质的物理特征，同步带的使用寿命终结，或人为原因损坏同步带轮时，需要更换同步带轮。更换方法：取下同步带轮固定螺丝，取下垫片，取下同步带轮，准备一个相同型号的同步带轮，按与拆卸相反的顺序进行安装。

③ 轴承的更换：受轴承使用寿命的限制，当生产到一定周期时，需更换进瓶拨轮轴座内的两只 6205 号轴承。更换方法：分别取下进瓶拨轮与同步带轮，参照进瓶拨轮及同步带轮更换方法进行拆除后，卸下轴座上固定螺丝，取出拨轮轴，卸下轴承，准备一个相同型号轴承，按与拆卸相反的顺序进行安装。

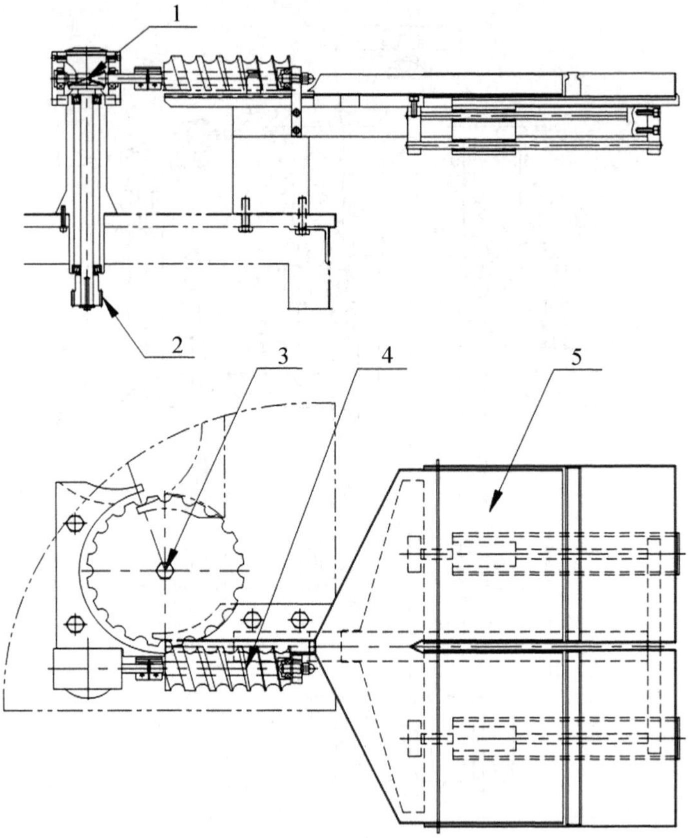

1. 齿轮箱；2. 齿轮；3. 出瓶拨盘；4. 出瓶螺杆；5. 接瓶盘。

图 6－6　出瓶机构的组成

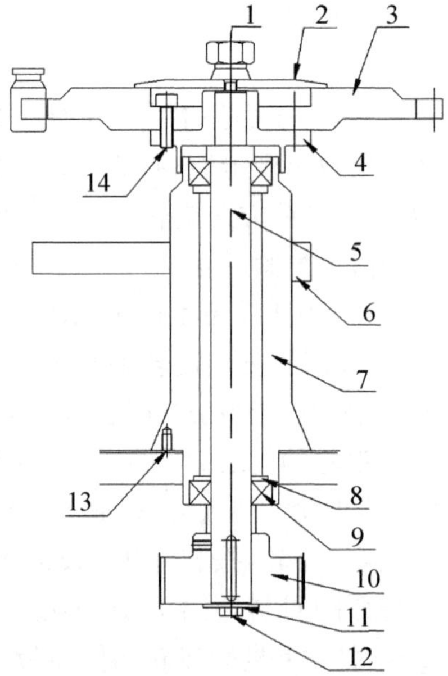

1. 手轮；2. 压板；3. 进瓶拨轮；4. 拨轮座；5. 拨轮轴；6. 轨道支撑板；7. 轴座；8. 衬套；9. 6205 号轴承；10. 同步带轮；11. 垫片；12. 同步带轮固定螺丝；13. 轴座固定螺丝；14. 拨轮固定螺丝。

图 6－7　进瓶拨轮的组成

2. 同步带轮

(1) 同步带轮的组成:同步带轮主要由手轮、主轴、同步带轮、拨瓶 T 型块、同步带、主电机、齿轮、轴承、主轴座、轴承盖等组成,如图 6－8 所示。

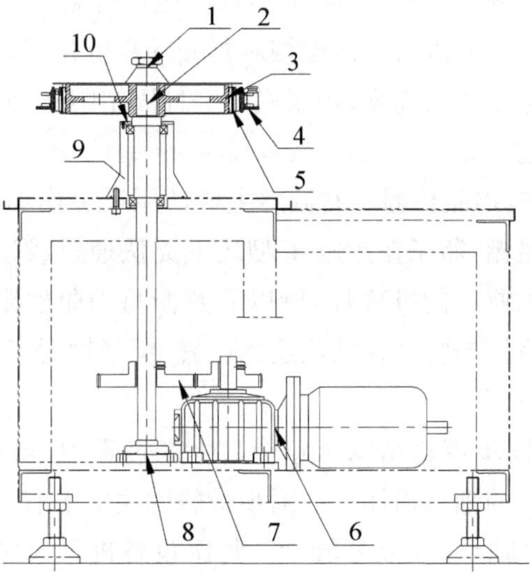

1. 手轮;2. 主轴;3. 同步带轮;4. 拨瓶 T 型块;5. 同步带;

6. 主电机;7. 齿轮;8. 轴承(UCFU207#);9. 主轴座;10. 轴承盖。

图 6－8　同步带轮的组成

(2) 同步带轮的主要工作原理:同步带轮是通过主电机带动齿轮,由齿轮带动主轴来完成同步带的运转。

(3) 规格件与易损件的更换及调整:

① 拨瓶 T 型块的结构如图 6－9 所示。

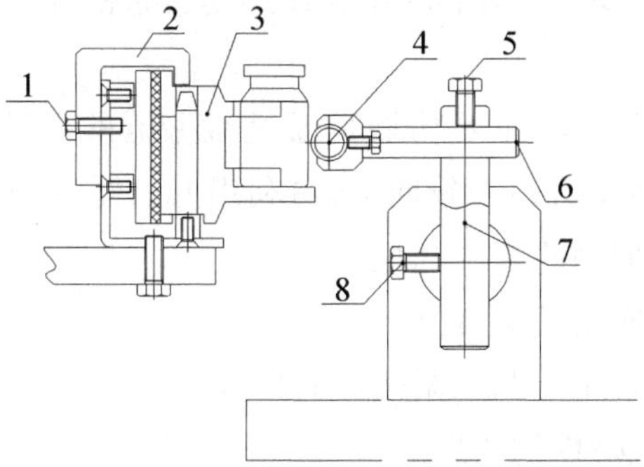

1. 固定螺丝;2. 罩板;3. T 型块;4. 挡瓶栏栅;

5. 栏栅横杆固定螺丝;6. 栏栅横杆;7. 栏栅竖杆;8. 栏栅竖杆固定螺丝。

图 6－9　拨瓶 T 型块的结构

由于拨瓶 T 型块采用白色塑料,其使用寿命较短,使用一段时间后,需要更换拨瓶 T 型块,否则会影响灌装时针头插入瓶口的准确性与加塞的准确性。更换方法:卸下同步带罩板固定螺丝,取下同步带罩板,取出拨瓶 T 型块,更换后按与拆卸相反的顺序进行安装。

② 不同规格瓶径生产时的调整：由于生产工艺的不同，生产不同规格瓶时需要调整挡瓶栏栅，挡瓶栏栅调整分为高低调整和左右调整。

a. 挡瓶栏栅高低调整：挡瓶栏栅高低调整主要适用于更换不同规格瓶子时高低相差太多的情况，若不调整挡瓶栏栅，瓶子在拨瓶 T 型块上运行时晃动严重，甚至出现倒瓶现象，会影响针头插入瓶口的准确性，所以需要调整挡瓶栏栅的高低位置。调整方法：拧松栏栅竖杆固定螺丝，将栏栅竖杆提起至适当高度，锁紧栏栅竖杆固定螺丝即可。适当高度通常指瓶子有效灌装高度的中心位置。

b. 挡瓶栏栅左右调整：挡瓶栏栅左右调整主要适用于更换不同规格瓶子时瓶径相差太多的情况，若不调整挡瓶栏栅，瓶子在拨瓶 T 型块上无法通过或运行时晃动严重，甚至出现倒瓶现象，会影响针头插入瓶口的准确性，所以需要调整挡瓶栏栅的左右位置。调整方法：拧松栏栅横杆固定螺丝，将栏栅竖杆移动至适当位置，锁紧栏栅竖杆固定螺丝即可。适当位置通常指瓶子直径＋1 mm。

③ 轴承的更换：参照同步带轮结构示意图。生产过程中，当发现同步带轮运行过程中调动严重时，可能是主轴上的轴承损坏。在同步带轮的主轴上有三个轴承，由下至上分别为 UCFU207 号轴承、6008 号轴承、6010 号轴承。每次设备进行大修时须检查轴承，并及时给其注油。

受轴承使用寿命的影响，必要时需要更换其轴承。更换方法：取下所有同步带罩板，拧下手轮，取下同步带轮，卸下台板下主轴座的固定螺丝，卸下立轴下轴承(UCFU207 号)的固定螺丝、齿轮固定螺丝、齿轮及齿轮键，再拆除主轴上的附属设施。更换各轴承后，按与拆卸相反的顺序进行安装。

④ 齿轮的更换：参照轴承更换方法。

3. 振荡器

(1) 振荡器(6－10)的原理：振荡器的主要作用是将杂乱无章的胶塞理顺后，通过下塞轨道将胶塞送至压塞盘。

① 振荡斗用于理顺胶塞。其主要功能是通过激振器的振动将斗内的胶塞送入特制的轨道，通过特定的轨道后，胶塞开口一致向上，再利用振荡器的振荡将胶塞送入下塞轨道。

② 下塞轨道用于连接振荡斗与压塞盘。

③ 振荡器固定座用于固定振荡器。

④ 振荡器高低调节螺丝用于调节振荡器的高低。

(2) 振荡器的调节与规格件的更换：

① 振荡器频率的调节：振荡器通过变频器调节频率来达到生产的目的。一般情况下，振荡器的工作频率以满足生产需要为最佳。生产过程中，当发现胶塞供应不足时，可顺时针调节变频器的调节钮，使其满足需求；当发现胶塞拥挤不堪时，可逆时针调节变频器的调节钮。

② 振荡斗的更换：在生产过程中，为适应多种铝盖在同一台设备上生产，当现生产的胶塞与原生产的胶塞不一样时，须更换振荡斗，如图 6－11 所示。更换方法：拧下振荡斗与振荡器的连接固定螺丝，取下振荡斗，找合适规格的振荡斗安装好，拧紧固定螺丝。

③ 振荡器高低的调节：在使用过程中，调整好下塞轨道上的落盖机构与瓶口位置后，若发现振荡器的出盖口与下塞轨道不在同一高度，须整体调节振荡器的高低，如图 6-12 所示。调整方式：拧松振荡座上的固定螺丝，顺时针或逆时针旋转顶紧螺丝，使振荡器升高或降低，达到理想高度后锁紧螺帽，装好封板，拧紧固定螺丝。

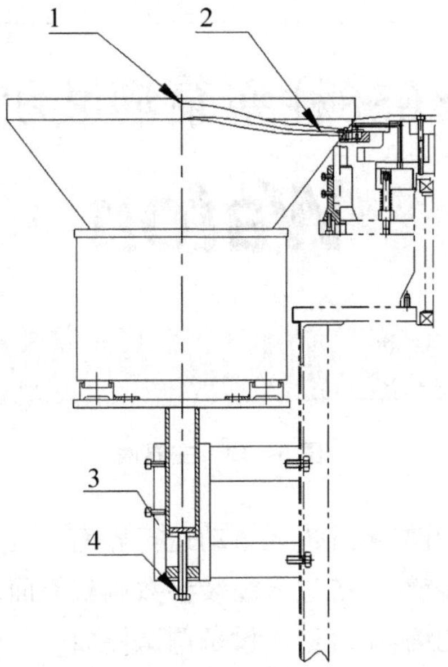

1. 振荡斗；2. 下塞轨道；3. 振荡器固定座；4. 振荡器高低调节螺丝。

图 6-10 振荡器的组成

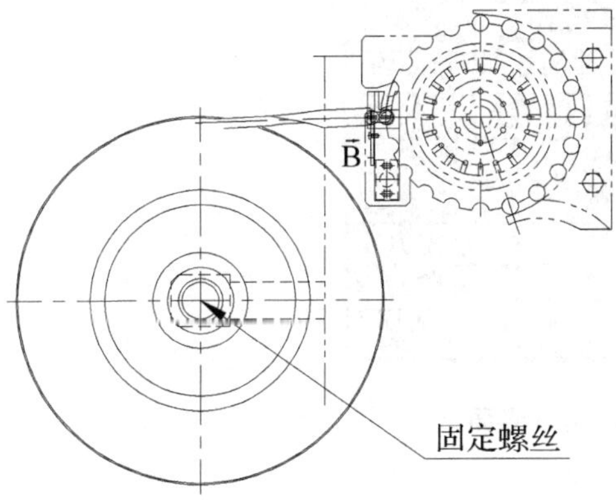

图 6-11 振荡斗的更换

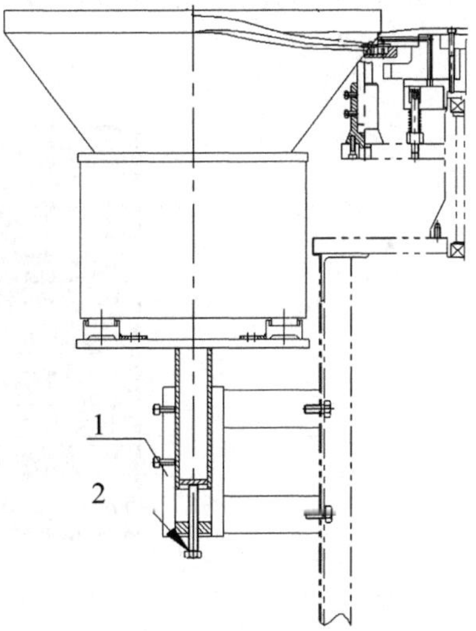

1. 固定螺丝；2. 顶紧螺丝。

图 6-12 振荡器高低的调节

二、屏幕操作及故障报警

（一）主界面

主界面(图 6－13)主要用于系统的工作状态选择。

图 6－13　主界面

(1) 触摸“自动运行”功能键,系统进入自动运行界面。

(2) 触摸“装量调试”功能键,系统进入灌装参数调整界面。

(3) 触摸“设备调试”功能键,系统进入设备调试界面。

(4) 触摸“传感器调试”功能键,系统进入传感器调试界面。

（二）自动运行界面

在主界面中触摸“自动运行”功能键,进入自动运行界面(图 6－14),此界面用于监视系统自动工作状态。

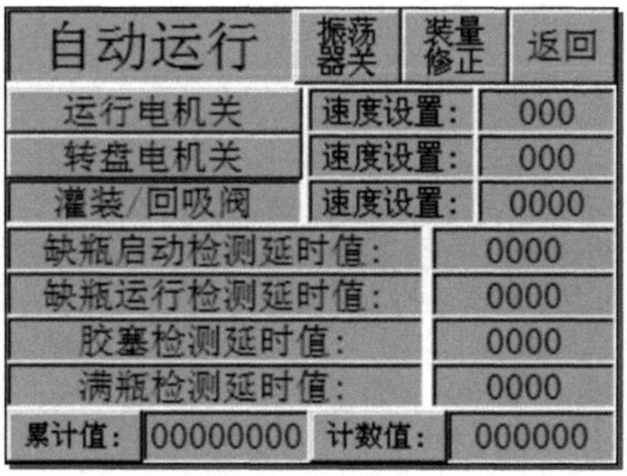

图 6－14　自动运行界面

(1) 触摸“振荡器开/关”键,可控制振荡器运行或停止。

(2) 触摸“运行电机开/关”键,可控制运行电机运行或停止。

(3) 触摸“转盘电机开/关”键,可控制转盘电机运行或停止。

(4) 运行电机速度设置:用于设定运行电机速度值。

(5) 转盘电机速度设置:用于设定转盘电机速度值。

(6) 灌装/回吸阀速度设置：用于设定灌装/回吸阀速度值。

(7) 缺瓶启动检测延时值：运行电机启动，由停止状态到正常运行状态时，判定是否出现“缺瓶”的时间值。当两瓶顺序通过检测传感器的时间小于该值时，系统判定没有缺瓶；反之有缺瓶。

(8) 缺瓶运行检测延时值：运行电机正常运行时判定是否出现“缺瓶”的时间值。当两瓶顺序通过检测传感器的时间小于该值时，系统判定没有缺瓶；反之有缺瓶。缺瓶总延时值计算公式为

$$缺瓶总延时值=(启动延时值+运行延时值)\times 0.01$$

(9) 胶塞检测延时值：判定是否出现“缺胶塞”的时间值。当两胶塞顺序通过检测传感器的时间小于该值时，系统判定没有缺胶塞；反之缺胶塞。触摸数值显示区，弹出数字输入键盘，输入合适的数值后，按 ENT 键即可进行调整。

(10) 满瓶检测延时值：判定是否出现“满瓶”的时间值。当瓶子顺序通过检测传感器的时间小于该值时，系统判定出瓶处正常；反之出瓶处瓶子过多。触摸数值显示区，弹出数字输入键盘，输入合适的数值后，按 ENT 键即可进行调整。

(11) 计数值显示区：记录本次计数的生产数量。触摸“计数值”按键，可对计数值清零。

(12) 累计值显示区：累计历次计数的生产数量。触摸“累计值”按键，可对计数值和累计值同时清零。

(13) 触摸“装量修正”功能键，进入装量修正界面。

(14) 触摸“返回”功能键，系统停止自动运行并返回到主界面。

(三) 装量修正界面

在自动运行界面中触摸“装量修正”功能键，进入装量修正界面(图 6-15)，此界面用于在自动工作状态下的装量调整。

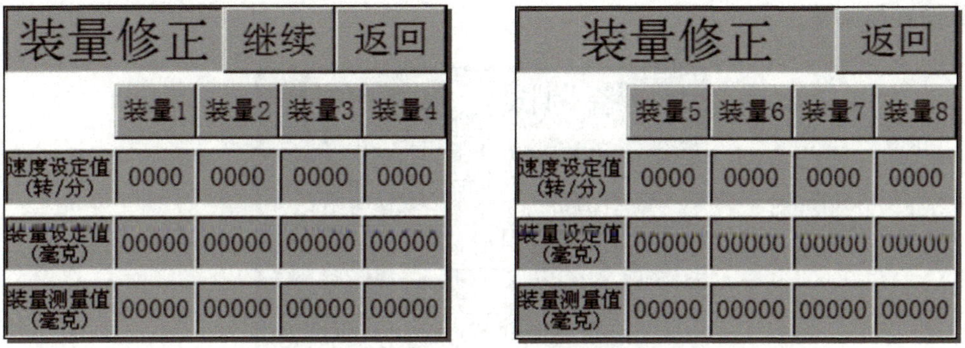

图 6-15　装量修正界面

(1) 速度设定值：用于调整电机的速度，也就是装量的快慢(单位：r/min)。

(2) 装量设定值：用于调整装量的大小(单位：mg)。触摸相应的数值显示区，弹出数字输入键盘，输入合适的参数后，按 ENT 键即可进行调整。

（3）装量测量值：用于显示实际测量的装量大小（单位：mg）。

（4）触摸“返回”按钮，系统返回到自动工作界面。

（四）装量调试界面

在主界面中触摸“装量调试”功能键，进入装量调试界面（图 6－16），此界面用于调整系统装量的大小、速度的快慢。

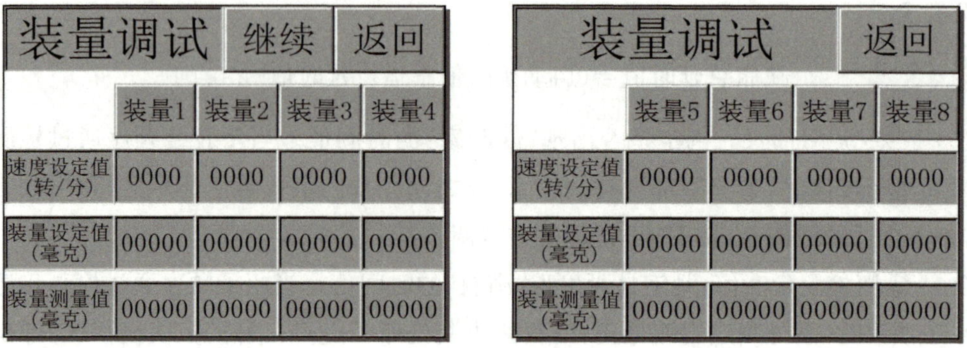

图 6－16　装量调试界面

（1）速度设定值：用于调整电机的速度，也就是装量的快慢（单位：r/min）。

（2）装量设定值：用于调整装量的大小（单位：mg）。触摸相应的数值显示区，弹出数字输入键盘，输入合适的参数后，按 ENT 键即可进行调整。

（3）装量测量值：用于显示实际测量的装量大小（单位：mg）。

（4）每触摸“装量 1”～“装量 8”一次，其所对应的泵头按设定的速度、装量运转一次。

（5）触摸“返回”按钮，系统返回到主界面。

（五）设备调试界面

在主界面中触摸“设备调试”功能键，进入设备调试界面（图 6－17），此界面用于系统工作参数设置与调整。

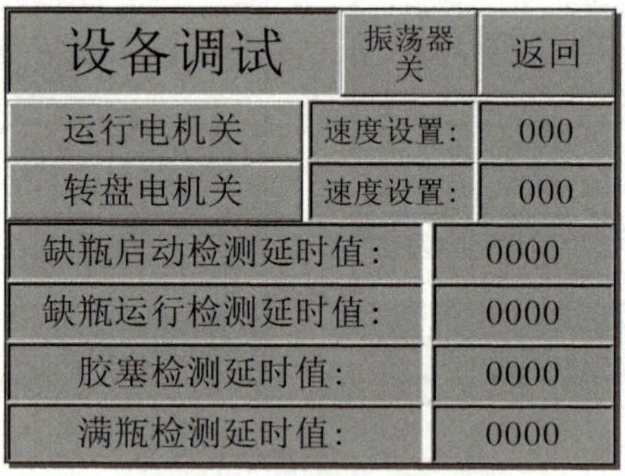

图 6－17　设备调试界面

（1）触摸“振荡器开/关”键，可控制振荡器运行或停止。

（2）触摸“运行电机开/关”键，可控制运行电机运行或停止。

(3) 触摸“转盘电机开/关”键，可控制转盘电机运行或停止。

(4) 运行电机速度设置：用于设定运行电机速度值。

(5) 转盘电机速度设置：用于设定转盘电机速度值。

(6) 缺瓶启动检测延时值：运行电机启动，由停止状态到正常运行状态时，判定是否出现“缺瓶”的时间值。当两瓶顺序通过检测传感器的时间小于该值时，系统判定没有缺瓶；反之有缺瓶。

(7) 缺瓶运行检测延时值：运行电机正常运行时判定是否出现“缺瓶”的时间值。当两瓶顺序通过检测传感器的时间小于该值时，系统判定没有缺瓶；反之有缺瓶。缺瓶总延时值计算公式为

缺瓶总延时值=(启动延时值+运行延时值)×0.01

(8) 胶塞检测延时值：判定是否出现“缺胶塞”的时间值。当两胶塞顺序通过检测传感器的时间小于该值时，系统判定没有缺胶塞；反之缺胶塞。

(9) 满瓶检测延时值：判定是否出现“满瓶”的时间值。当瓶子顺序通过检测传感器的时间小于该值时，系统判定出瓶处正常；反之，出瓶处瓶子过多。触摸相应的数值显示区，弹出数字输入键盘，输入合适的数值后，按 ENT 键即可进行调整。

(10) 触摸“返回”功能键，系统返回到主界面。

(六) 传感器调试界面

在主界面中触摸“传感器调试”功能键，进入传感器调试界面(图 6－18)，此功能用于系统传感器位置的调试。

(1) 传感器调试：系统共使用 11 个传感器，它们分别是灌装启动信号、缺瓶检测信号、瓶位计数(码盘)信号、胶塞检测信号、瓶位位置(光纤)信号、满瓶检测信号、灌装阀灌装信号、灌装阀回吸信号、前门状态测信号、后门状态信号、备用传感器。传感器的位置，观察所对应的指示灯，当传感器检测到有效信号时该指示灯变亮。

(2) 紧急停机信号调试：闭合紧急停机开关，该指示灯应亮。

(3) 触摸“返回”按钮，系统返回到主界面。

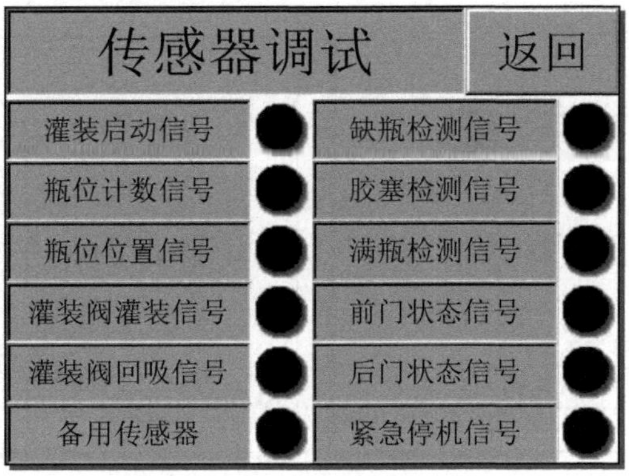

图 6－18　传感器调试界面

（七）故障说明界面

系统在自动运行状态（自动运行工作状态、装量参数修正）具有自动报警功能。当系统出现故障时，系统将停止运行并弹出报警窗口，排除故障后系统恢复自动运行。

（1）当进瓶口区出现缺瓶或胶塞出口处没有胶塞时，系统弹出相应的故障窗口（图6－19、图6－20），指示灯亮；排除故障后，指示灯灭。触摸“继续运行”功能键，报警窗口消失，系统恢复自动运行。

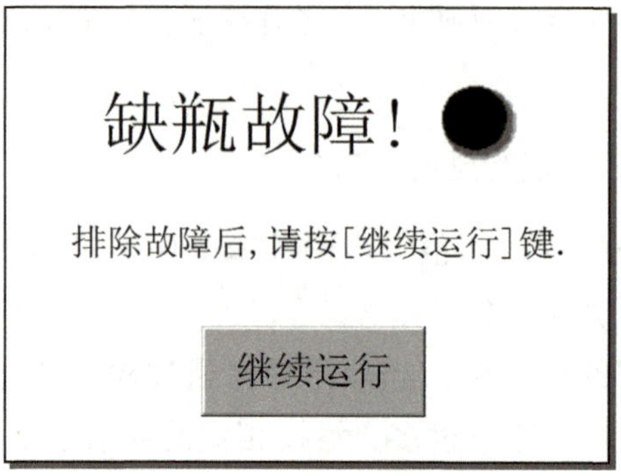

图6－19 缺瓶报警窗口

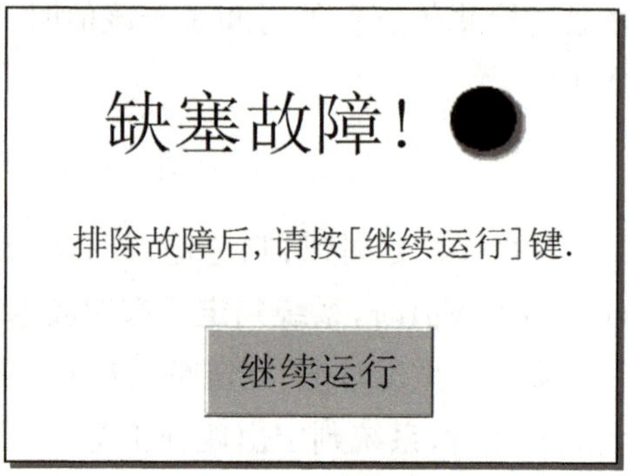

图6－20 缺塞报警窗口

（2）当出瓶区瓶子太多时出现满瓶故障，系统弹出相应的满瓶故障报警窗口（图6－21），运行电机停止运行；排除故障后，报警窗口消失，系统自动恢复运行。

图6－21 满瓶故障报警窗口

（3）当前/后门打开时，系统弹出相应的故障窗口（图6－22），指示灯亮；排除故障后，指示灯灭。触摸“继续运行”功能键，报警窗口消失，系统恢复自动运行。

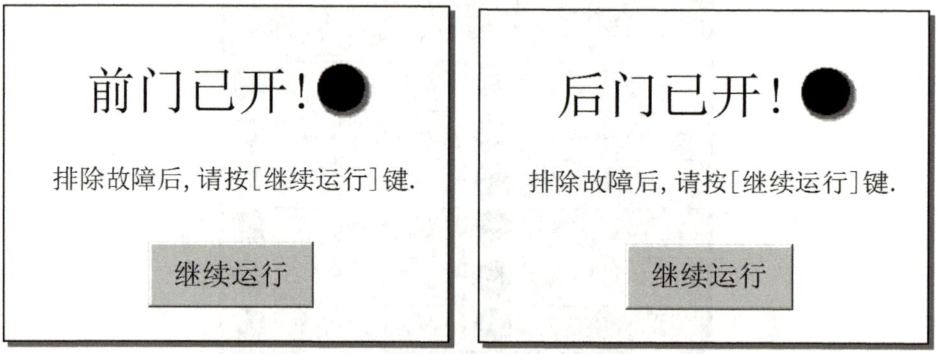

（a） （b）

图6－22 前/后门打开报警窗口

(4) 当按下紧急停机开关时，系统弹出紧急停机故障报警窗口(图 6－23)，指示灯亮；复位紧急停机开关后，指示灯灭。触摸“继续运行”功能键，报警窗口消失，系统恢复自动运行。

图 6－23　紧急停机故障报警窗口

(八) 调试说明界面

(1) 调试前，先不连接伺服驱动器，调整原点定位信号传感器 1～8、上限保护信号传感器 1～8、灌装阀灌装信号传感器、灌装阀回吸信号传感器；确保上述信号有效时，再连接伺服驱动器进行调试。

(2) I 0.0 灌装启动信号的上升沿先于 I 0.1 瓶位计数(码盘)信号的上升沿(图 6－24)。

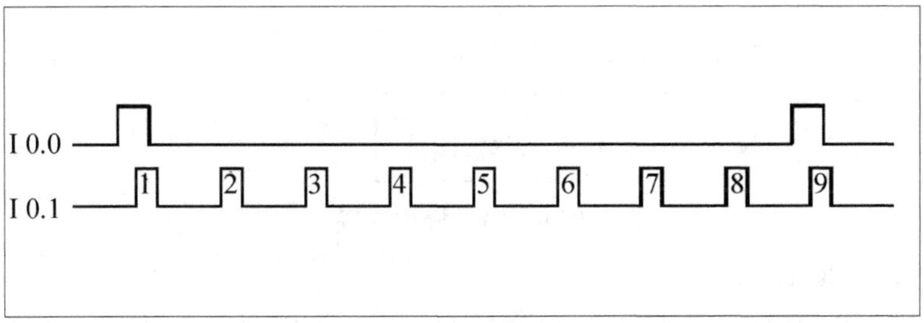

图 6－24　I 0.0 信号和 I 0.1 信号

(3) I 0.2 瓶位位置(光纤)信号检测有瓶时，应在 I 0.1 瓶位计数(码盘)信号上升沿前有效(图 6－25)。

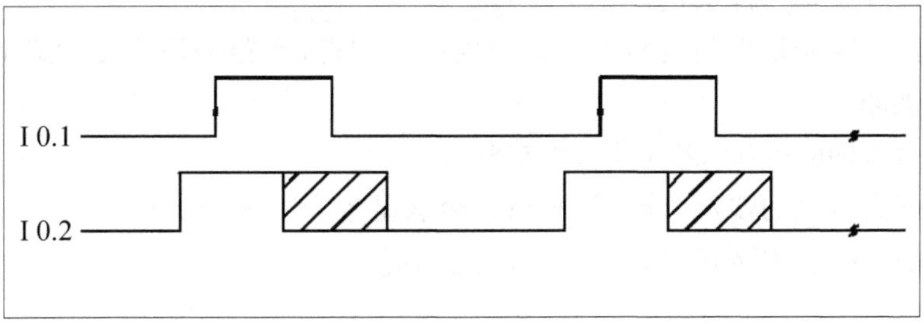

图 6－25　I 0.1 信号和 I 0.2 信号

（4）瓶位排列及瓶位位置（光纤）检测传感器的安装（图 6－26）。

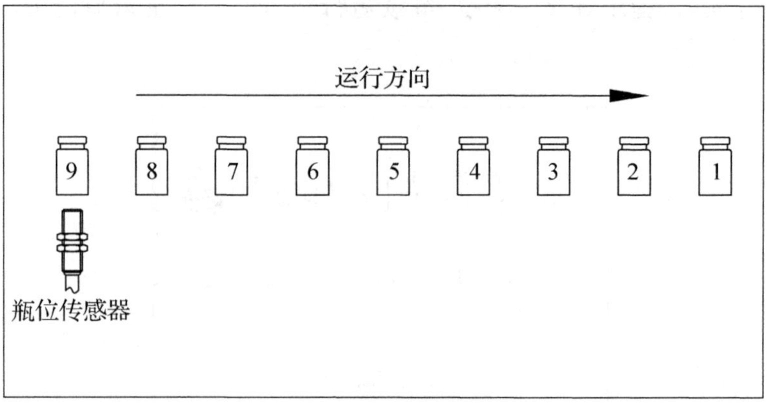

图 6－26　瓶位排列及传感器的安装

三、使用操作

1. 操作流程

操作流程如图 6－27 所示。

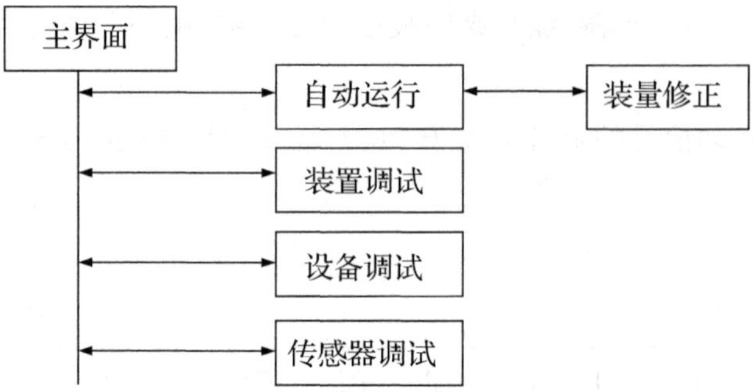

图 6－27　操作流程

2. 启动前的准备工作

（1）首次启动前，参照保养的有关说明，对所有需要润滑的部件加注润滑油，检查运动部件是否有障碍，启动前必须通过手轮使机器转动几周，才能通电运行。

（2）检查分配器的主管道是否与料桶连接，并检查各硅胶管与分配器连接的密封状况。

（3）检查各硅胶管与陶瓷泵进液口及出液口连接是否有泄漏。

（4）检查各硅胶管与针头连接是否良好。

（5）检查包装容器是否与机器上配备的规格件相符，容器必须满足相应的标准，并符合订货时提出的要求。

（6）单个运行伺服电机，将硅胶管内空气排空。

（7）设定伺服电机的步数，检查灌装量是否满足生产工艺的要求。

（8）再次确认机器安装正确，电路连接符合要求。

3. 正常启动

（1）检查进瓶处瓶子是否排好，是否有倒置瓶、碎瓶等现象。

（2）打开电器箱前面主开关，主电源接通绿色信号灯亮。

(3) 开启触摸屏,调出手动画面。

(4) 触摸转盘电机并开启,旋转调速旋钮,转盘速度逐步上升至最佳数值。

(5) 手动拿瓶补满输送轨道至加塞绞龙位置。

(6) 触摸振荡器并开启,旋转振荡器速度调节旋钮至最佳数值。

(7) 触摸主电机并开启,按"△"键主电机速度逐步上升至合适速度。

(8) 触摸自动运行按钮,进入自动运行画面。

(9) 触摸装量调速按钮,进行装量调整。

(10) 触摸瓶位调整按钮,进行瓶位调整。

(11) 当缺瓶、倒瓶、缺塞时主电机会自动停机,进行手动排除故障。

(12) 灌装参数,瓶位调整,故障说明请参照使用说明书。

4. 停机

(1) 触摸主电机"▽"键,使主电机速度下降。

(2) 触摸停机开关,使整机停机。

(3) 旋转转盘电机旋钮至 0。

(4) 旋转振荡器旋钮至 0。

(5) 关闭主电源开关

(6) 将机器外部的污迹、水擦干净。

(7) 拆除与药液接触部分,进行清洗与消毒。

四、故障分析与排除

(1) 理瓶转盘的常见故障及排除方法见表 6-2。

表 6-2 理瓶转盘的常见故障及排除方法

常见故障	原因分析	排除方法
电动机无法启动	保险细熔断,开关接线断开,电源电压过低	检查熔丝盒、开关线头,测量电源电压加以排除
	进线有断线	电表检测,排除故障
	设备过载,连锁保护脱开	检查传动装置等
	电气元件失灵	检查有关电气元件
	电机损坏或烧死	更换电机
	减速器内齿轮磨损	更换减速器内齿轮或更换减速器
	立轴内平键磨损	更换立轴内平键
	立轴上锁紧螺丝松动	拧紧锁紧螺丝
无法调速	调速器损坏	检查并更换调速器
倒瓶	转盘运行过程中有跳动现象(一般情况下,转盘运行过程中跳动不超过±1 mm)	检查转盘立轴压盖是否松动,轴承是否脱离轴承位置; 检查转盘立轴上轴承是否损坏或卡死; 检查立轴是否变形
	转盘运行过快	逆时针调整调速开关,转盘速度下降

（2）输送机构的常见故障及排除方法见表 6－3。

表 6－3　输送机构的常见故障及排除方法

常见故障	原因分析	排除方法
卡瓶	挡瓶条变形	调节进输送机构上的挡瓶条宽度，并校正挡瓶条
	进瓶拨轮与拨瓶 T 型块卡瓶	调整进瓶拨轮至合适位置
	拨瓶 T 型块与压塞拨轮卡瓶	调整同步带轮位置，使之同步
	压塞拨轮与出瓶拨轮处卡瓶	调整出瓶拨轮到合适位置
	出瓶拨轮与出瓶螺杆处卡瓶	调整出瓶拨轮或出瓶螺杆使之同步
无法运行同步带	连接用齿轮损坏	检查主电机与主轴上连接用齿轮； 检查齿轮锁紧螺钉是否松脱； 检查齿轮键是否磨损或脱落
	输送同步带打滑	检查同步带轮是否损坏； 检查同步带是否太松； 检查同步带键是否磨损或掉落
无法运行同步带	保险丝熔断，开关接线断开，电源电压过低	检查熔丝盒、开关线头，测量电源电压加以排除
	进线有断线	电表检测，排除故障
	设备过载，连锁保护脱开	检查传动装置等
	电气元件失灵	检查有关电气元件
	主电机损坏或烧死	更换电机

（3）灌装部分的常见故障及排除方法见表 6－4。

表 6－4　灌装部分的常见故障及排除方法

常见故障	原因分析	排除方法
灌装不精确	分配器与硅胶管连接有泄漏	检查分配器与硅胶管连接是否紧密
	硅胶管与陶瓷泵连接有泄漏	检查分配器与硅胶管连接是否紧密
	硅胶管与灌装针头连接有泄漏	检查硅胶管与灌装针头连接是否紧密
	伺服电机频数过多或过少	参照伺服电机装量调整说明(见触摸屏装量调整)
灌装针头插入瓶口不准确或插不到位	跟踪凸轮位置有位移	调整跟踪凸轮跟踪时间
	插针凸轮位置有位移	调整插针凸轮插入时间
	凸轮连接用关节轴承与水平移动座连接不紧密	检查关节轴承连接情况； 检查水平移动座内线性轴承是否损坏
	凸轮摆块与上下移动座连接不紧密	检查上下移动座内的线性轴承
	插针凸轮键损坏	更换插针凸轮键
	跟踪凸轮键损坏	更换跟踪凸轮键
灌装有滴漏	灌装针头与硅胶管连接有泄漏	检查硅胶管与灌装针头连接是否紧密
	陶瓷泵内有杂质	清洗陶瓷泵

(4) 振荡器的常见故障及排除方法见表6-5。

表6-5　振荡器的常见故障及排除方法

常见故障	原因分析	排除方法
下塞不顺畅	振荡斗与下盖轨道的接合处配合不好	松开振荡器立轴上固定螺丝，旋动振荡器，调整至适当位置
	下塞轨道与压塞盘配合不好	调整至适当位置
掉塞	真空管路连接有泄漏	检查各抽真空管路连接
	压塞盘与压塞拨轮不同步	调整压塞盘与压塞拨轮位置
噪声大	下盖轨道与振荡斗出盖轨道接口碰撞	调整振荡器与下塞轨道的距离，2～3 mm为最佳

五、维修保养

(一) 维修保养间隔期

维修保养分为小修、大修和保养，维修保养间隔期见表6-6。

表6-6　维修保养间隔期

类别	小修	大修	保养
间隔期	240 h	4 750～5 000 h	日常

在维修保养间隔期内，依据状态监测发现的问题进行针对性处理。根据检修内容确定此次检修类别，以此确定下次检修间隔期。

(二) 检修内容

1. 小修

(1) 检查各联转部位之间的润滑及紧固各部位螺栓。

(2) 检查压缩空气及真空管道的快接头是否有泄漏。

(3) 检查灌装陶瓷泵各密封件密封情况。

(4) 检查灌装陶瓷泵连接硅胶管是否有泄漏。

(5) 检查伺服电机及伺服电机传感器的运作情况。

(6) 检查跟踪灌装凸轮及灌装针头插入情况。

(7) 调整胶塞振荡器内弹簧片及胶塞轨道落塞位。

(8) 检查下塞轨道内弹片是否断裂。

(9) 检查压塞轮及压塞绞龙位置是否配合完好。

(10) 校正并清洗下胶塞轨道。

(11) 检查及清理输送链和送瓶拨盘，并调整其位置。

(12) 检查灌装绞龙及灌装针头运行位置。

(13) 针对出现的故障进行排除。

2. 大修

(1) 包括小修内容。

(2) 清洗、检修送瓶机构中输送链、转盘及传动部分。

(3) 更换陶瓷泵内连接部分硅胶管。

(4) 更换或检查灌装绞龙及压塞绞龙。

(5) 清洗、检修箱内分度凸轮、凸轮、链轮、齿轮等传动机构。

(6) 清洗并校正灌装绞龙及压塞绞龙。

(7) 清洗、检修压塞机构中各传动部位及轨道、输送部分。

(8) 检查电动或气动元件，必要时修理或更换。

(9) 检查清洗并校正下塞轨道。

(10) 清洗和消毒与药液、胶塞直接接触的部件。

(11) 组装、调试、试车。

（三）检修前准备

1. 技术准备

(1) 准备量具、标准、图样等资料。

(2) 了解分装机故障发生部位、次数及设备运转精度等技术状况。

(3) 分析检修前 500 h 的机器运行记录及历次检修记录，了解缺陷、隐患等技术状况。

(4) 停机前对主要技术参数、性能进行预检，并记录。

(5) 制订检修方案。

2. 物资准备

(1) 按使用说明书要求准备更换规格件、易损件。

(2) 准备密封材料和清洗液等消耗材料，以及备件和检修材料。

(3) 检测和修理工器具。

3. 安全技术准备

(1) 切断电源及关闭真空泵，放置“禁止开启”标志牌。

(2) 清理检修工作现场。

(3) 须进入现场检修，必须穿无菌衣并对携带的检修工具消毒后，才能进入现场。

（四）检修方法

1. 拆卸

(1) 送瓶机构：拆卸送瓶转盘、送瓶轨道及输送链；拆卸灌装绞龙及压塞绞龙及传动链；拆卸防护板、传动轴、齿轮、链条、链轮；拆卸接瓶盘及接瓶座。

(2) 灌装机构：拆卸灌装陶瓷泵及连接用硅胶管等；拆卸跟踪凸轮及传送链等；拆卸伺服电机与灌装陶瓷泵连接机构；拆除灌装针头架及关节轴承。

(3) 压塞机构：拆卸压塞轮箱体内的蜗轮蜗杆传动机构；拆除下塞轨道、压塞轮及压塞副轮；拆卸各传动部分；拆卸胶塞振荡器。

(4) 拆卸箱内传动系统及减速机。

2. 轴承

(1) 含油轴承安装时，用标准轴作内孔压模，以保证外径与座孔配合过盈量为 0.02～

0.035 mm。

(2) 各滚动轴承在安装时，孔与轴的配合为过渡配合，以保证装配后轴不发生弯曲变形。

3. 灌装机构

灌装陶瓷泵安装调试好后，其装量误差<1%。

4. 滚轮压塞机构

压塞机构安装调试好后，其加塞率应达到99.5%。

5. 胶塞振荡器

胶塞振荡器上塞量如达不到要求，应检查弹簧片是否松动，然后调整静动磁铁之间的间隙达到一定的振荡力，满足供塞要求。

6. 装配

装配按与拆卸相反的程序进行。

（五）检修质量标准

(1) 各含油轴承安装后，应保证与轴配合间隙为 0.015～0.025 mm。

(2) 各滚动轴承安装后，应保证各轴的径向回跳动量≤0.03 mm。

(3) 各传动齿轮传动精度为 8 级。

(5) 送瓶拨盘端面跳动值≤0.5 mm。

(6) 胶塞振荡器上塞量应能满足本机速度需要。

(7) 灌装陶瓷柱塞泵安装后，运行时无发卡阻塞现象。

(8) 抽真空管路无漏气现象。

（六）试车与验收

1. 试车前的准备

(1) 各传动部位运转应灵活。

(2) 各润滑点加注油润滑。

(3) 各部位动作应协调、准确。

2. 试车

(1) 空载试车。

空载试车时间≥4 h。各传动部位运转应正常，无异常杂音。

(2) 负载试车。

① 工艺调整、负载试车时间为 48 h。

② 设备生产能力符合设计要求。

② 整机噪声不超过 70 dB(A)。

③ 自动胶塞成功率≥99.9%。

④ 灌装机装量误差≤±1%(符合《中华人民共和国药典》规定)。

⑤ 胶塞定向失误率≤3‰。

⑥ 缺瓶不分装动作完成率 100%。

⑦ 工作时，挤瓶破损率≤1‰。

3. 验收

检修达到质量标准，试车符合要求，检修及试车记录齐全准确，可办理验收手续。

（七）保养及常见故障处理

1. 保养

（1）每天对设备进行巡回检查，并做好运转记录。

（2）开机前及运转中按规定对各润滑点进行润滑。

（3）灌装柱塞泵及下胶塞轨道部分每批号生产结束后应拆卸、清洗一次。即使设备运行正常且没有发生任何故障，当运行一定时间后也应当进行检修。故障不仅与零部件的使用寿命和内在质量有关，还与使用方法以及日常保养密切相关。许多故障都是由于使用不当、操作失误以及忽视日常保养和定期检修而引发的。

2. 不锈钢“生锈”的主要原因

生锈是钢板产生腐蚀的一种表现形式。而常用的06Cr18Ni11Ti等类型的不锈钢，应特别注意由腐蚀产生的应力破损。这种不锈钢的破损或裂纹大多由湿热腐蚀所引起，其主要机理在于氯离子（如NaCl），特别是含有氯化物溶液的高温、高压湿热环境，会强烈破坏不锈钢表面钝化膜。实际上，不锈钢的耐蚀性能主要依靠这层薄薄的钝化膜来防止氧化和其他腐蚀。一旦钝化膜被破坏，基体金属暴露于介质之中，就非常容易产生腐蚀现象。此外，氯离子产生的点状腐蚀，亦称“点蚀”，也是应力腐蚀破坏的原因之一。

进度考核评定

◇进度考核题目

一、简答题

1. 简述YG-KBG拨块直线式灌装机的组成。
2. 简述YG-KBG拨块直线式灌装机的操作过程。
3. 简述YG-KBG拨块直线式灌装机的维护维修过程。

二、实际操作题

操作并维护维修YG-KBG拨块直线式灌装机。

◇进度考核评定标准

进度考核评定标准见表6-7。

表6-7 进度考核评定标准

编号	考核内容	分值	得分
1	熟悉YG-KBG拨块直线式灌装机的结构和工作过程	30	
2	能正确操作YG-KBG拨块直线式灌装机	35	
3	能正确维护维修YG-KBG拨块直线式灌装机	25	
4	保证安全和场地整洁	10	
合计		100	

任务二 真空冷冻干燥机

学习目标

1. 能按要求操作真空冷冻干燥机。
2. 能按要求维护维修真空冷冻干燥机。

所需设备和工具

所需设备和工具见表 6-8。

表 6-8 所需设备和工具

名称	规格	单位	数量
真空冷冻干燥机		台	1
维护维修工具箱		个	1

一、真空冷冻干燥原理

真空冷冻干燥(简称"冻干")就是把含有大量水分的物质,预先进行降温,冻结成固体,然后在一定真空条件下使水分直接从固体中升华出来,而物质本身留在冻结时的冰架中,因此干燥后体积不变、疏松多孔。冰在升华时要吸收热量,导致产品本身温度下降,从而减慢升华速度。为了增加升华速度,缩短干燥时间,必须对产品进行适当加热。整个干燥过程是在较低温度下进行的。冻干有下列优点:产品在冻干腔室内的无菌状态下完成干燥、解吸附水分和全压塞等操作;适用于液体加工,操作简便,作业过程容易简化,无菌环境便于控制;能除去物质中 95%~99%的水分,稳定性好,易于长期保存药物的有效成分。许多生物制品、药品、食品在水和热的作用下很容易产生变性或分解,为了长期保存,最适宜的方法是在低温下冻干。产品中水分的去除无热处理过程。产品冻干后的体积、形状基本不变,物质呈干粉状态,无干缩。在冻干过程中,微生物的生长和酶的作用无法进行,因此能保持原来的性状。冻干机被广泛应用于医药业和食品业,特别适用于批量制药和血制品的生产。冻干机各大部件具有最优结构布置,有利于运输、安装、生产的操作;有利于清洁和维修,符合 GMP 要求。

(一) 冻干曲线的制定

在产品的冻干过程中,最重要的参数是产品的温度和干燥箱内的压力。冻干曲线就是冻干过程中产品的温度、干燥箱内的压力随时间变化而变化的曲线。一般通过控制导热油进口的温度来间接控制产品的温度。

冻干曲线的制定与产品的配制工艺、装量的多少、分装容器的种类、设备条件等许多因素有关。即使同一产品,不同的生产厂家,其冻干曲线也不一样。生产厂家应根据各自的具体条件从试验中制定出最佳的冻干曲线。

(二) 产品的预冻

预冻是为了固定产品,以便在真空条件下进行真空干燥。如果在预冻时没有冻牢,则在抽真空时会导致产品冒出瓶来,没有一定的形状;如果冷冻温度过低,则不仅浪费了能源和时间,还会降低某些产品中活菌的存活率。因此,预冻之前应确定三个数据:预冻速率、预冻温度和预冻时间。

1. 预冻速率

预冻速率的快慢,对产品冻结中晶粒的大小、活菌的存活率和升华的速率均有影响。一般来说,慢冻晶粒大,产品外观粗糙,不容易损伤活菌,但升华速度快;而速冻则与此相反。

2. 预冻温度

预冻温度根据预冻的方法不同而略有差异,一般来说,搁板温度应低于产品共熔点 5～10 ℃。

3. 预冻时间

预冻所需的时间要根据具体条件而定。总的原则是,应使产品的各部分完全冻牢。

(三) 冷凝器的预冷

冷凝器的预冷在产品预冻结束后的保温阶段开始时进行。当冷凝器温度降到 −45 ℃时,即可抽真空。

(四) 产品的干燥

1. 第一阶段升华

当冻干箱内的压力降至 10 Pa(根据产品特点而定)以下时,就可以给产品加热,为产品升华提供能量,产品升华的速度由加热能力和冷凝器的捕水能力而定。但冻干箱的压力必须维持在允许的最高压力以下,搁板的温度在第一阶段升华最好不要超过共熔点。可以通过以下现象判断第一阶段升华结束:

(1) 干燥层和冻结层的交界面到达瓶底并消失。

(2) 产品温度上升到接近搁板的温度。

(3) 冻干箱的压力和冷凝器的压力接近,且维持不变。

(4) 当关闭中隔阀,箱内压力上升速率与冻干箱的泄漏速率相近。

上述现象发生后,至少再延长 0.5 h,以彻底清除产品中的残留冰晶,即可转入第二阶段升华。

2. 第二阶段升华

当产品的第一阶段升华结束进入第二阶段升华时,产品的温度可提高到其允许的最高温度以下,维持一定时间,使残余水分含量达到预定值即可结束冻干,进行压塞。

二、系统组成

(一) 控制系统

控制系统一般由 PLC、PC 机、传感器、外围继电器等设备组成。PLC 是设备的控制中枢,负责各组件与电控系统之间的通信工作。PLC 有 6 块模块,1 块输入模块,2 块输出模块,1 块 A/D 转换模块,1 块温控模块和 1 块与 PC 机通信的 SCU41 模块。PC 机用来运行自动程序,显示并记录现场的温度、压力、真空度等数据,冻干结束打印数据作为历史档案。温度传感器采用标准 PT-100 探头,将温度经过变送器转换成 4～20 mA 信号送到 PLC。真空压力传感器采用电阻硅管,将压力经仪表转换成 0～10 V 信号送到 PLC。压力继电器系统用于高压、低压、油压差、水压、压缩空气压力、电子热保护等控制器。配电柜安装于机组的底架上，包括所需的电源开关、交流接触器、热过载与固态继电器、PLC 以及应急手动；所有的电机及泵均有短路、过载等保护。

（二）制冷系统

制冷系统由制冷压缩机及其辅助设施构成，为干燥箱和真空冷凝器提供冷源，如图 6－28 所示。系统的主机采用单机双级压缩机，其制冷工艺先进，能确保长时间运行无故障。每套压缩机都有独立的制冷循环系统，通过板式交换器或冷凝盘管，分别服务于板层和冷凝器。冷冻原理如图 6－29 所示。根据控制系统的运行逻辑，压缩机可以独立制冷板层或制冷冷凝器。制冷机组有足够大的制冷量储备，因此能应对绝大多数制冷异常的情况，即使满负荷工作时，也不至于达到系统极限。在制冷系统中，除装有显示的高、中、低压和油压力表外，还装有压力控制器。当高压压力过高时，高压继电器动作，压缩机停车；当控制电源接通后，若低压压力超过低压压力控制器的设定值，压缩机自动收液。

(a) 制冷压缩机

(b) 制冷冷凝器

图 6－28　制冷系统

冷凝器是一个真空密闭容器。在它内部有一个表面积较大的金属吸附面，吸附面的温度能降到－70 ℃以下，并且能稳定地维持这个低温。冷凝器的作用是把冻干箱内产品升华出来的水分冻结并吸附在其金属表面上。冷凝器的冷却靠制冷剂直接膨胀，每组冷凝器盘管配备一台独立的压缩机制冷系统，并且每个测温探头分别对一组盘管测试。

（三）循环系统

循环系统如图 6－30 所示。冻干本质上是依靠温差引起物质传递的一种工艺技术。物品首先在板层上被冻结，干燥过程开始后，水分从冻结状态的产品中升华出来，到冷凝器捕捉面上重新凝结为冰。为获得稳定的升华和凝结过程，由板层向产品提供热量，并从冷凝器的捕捉面去除，冷凝器的捕捉面须保持比产品更低的温度。板层的加热和冷却温度取决于工作周期和工艺要求。搁板的制冷和加热都是通过导热油的传热来实现的。为了使导热油不断地在整个系统中循环，在管路中安装了一个屏蔽式双体泵，以实现导热油的强制循环。循环泵包含一个泵体和两个电机，正常工作时，只有一台电机运转。如果有一台电机工作不正常，另外一台会及时切换进行工作。该系统有良好的备份功能，适用范围广。在泵的出口处，安装有一个反映出口压力的压力表和一只压力继电器，同时在电加热管上面加配一只超温报警继电器，以确保系统的安全运行。

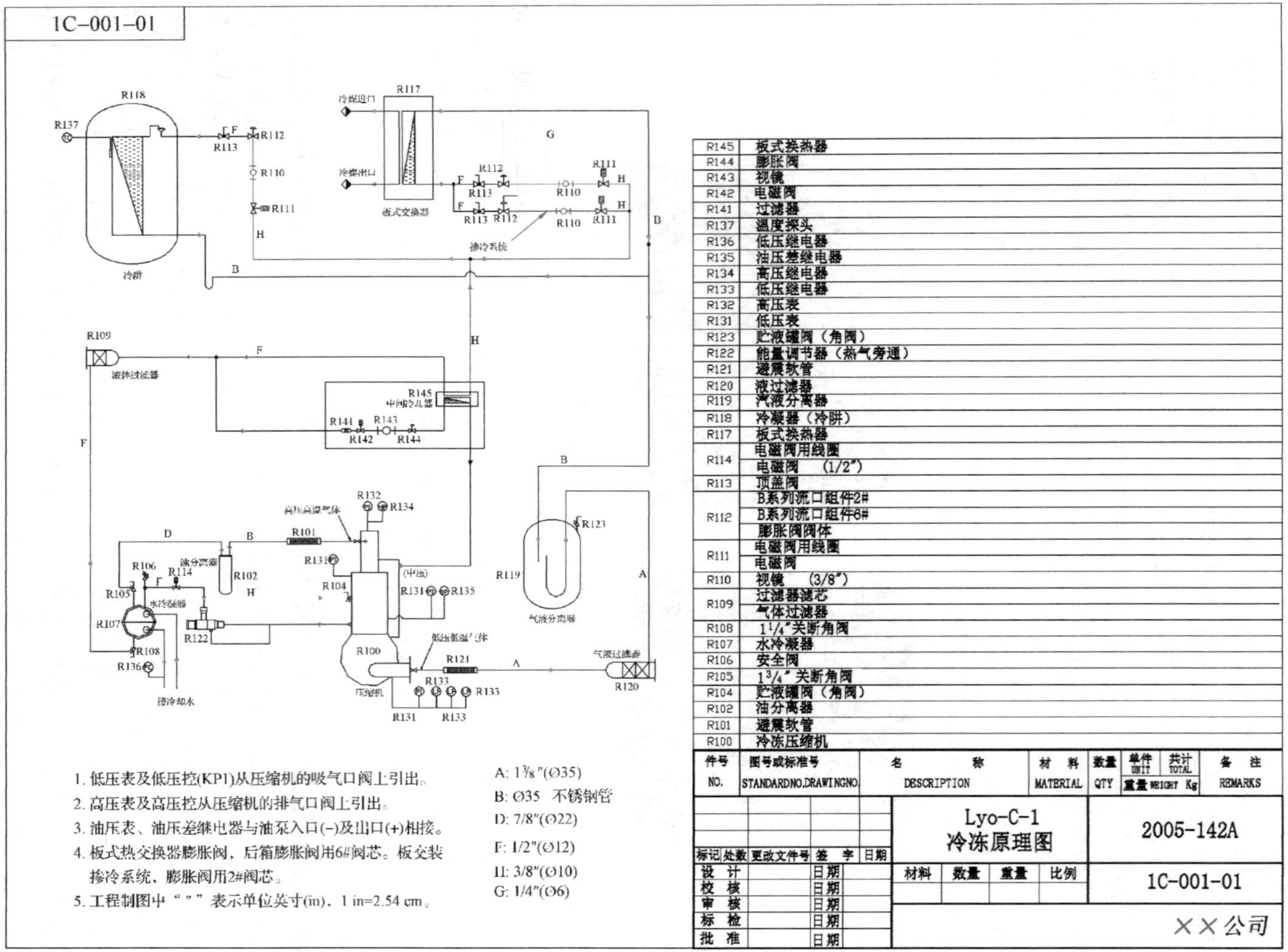
1C-001-01
R118
R137
冷肼
R117
冷媒进口
冷媒出口
板式交换器
掺冷系统
R109
液体过滤器
R145
中间冷却器
R141 R142 R143 R144
高压高温气体
油分离器
水冷凝器
接冷却水
压缩机
低压低温气体
R119
气液分离器
气液过滤器
R120
1. 低压表及低压控(KP1)从压缩机的吸气口阀上引出。
2. 高压表及高压控从压缩机的排气口阀上引出。
3. 油压表、油压差继电器与油泵入口(-)及出口(+)相接。
4. 板式热交换器膨胀阀，后箱膨胀阀用6#阀芯。板交装掺冷系统、膨胀阀用2#阀芯。
5. 工程制图中“″”表示单位英寸(in)，1 in=2.54 cm。
A: 1⅜″(Ø35)
B: Ø35 不锈钢管
D: 7/8″(Ø22)
F: 1/2″(Ø12)
H: 3/8″(Ø10)
G: 1/4″(Ø6)
R145 板式换热器
R144 膨胀阀
R143 视镜
R142 电磁阀
R141 过滤器
R137 温度探头
R136 低压继电器
R135 油压差继电器
R134 高压继电器
R133 低压继电器
R132 高压表
R131 低压表
R123 贮液罐阀（角阀）
R122 能量调节器（热气旁通）
R121 避震软管
R120 液过滤器
R119 汽液分离器
R118 冷凝器（冷肼）
R117 板式换热器
R114 电磁阀用线圈
电磁阀 (1/2″)
R113 顶盖阀
R112 B系列流口组件2#
B系列流口组件6#
膨胀阀阀体
R111 电磁阀用线圈
电磁阀
R110 视镜 (3/8″)
R109 过滤器滤芯
气体过滤器
R108 1¼″关断角阀
R107 水冷凝器
R106 安全阀
R105 1¾″关断角阀
R104 贮液罐阀（角阀）
R102 油分离器
R101 避震软管
R100 冷冻压缩机
件号 NO.
图号或标准号 STANDARDNO.DRAWINGNO.
名称 DESCRIPTION
材料 MATERIAL
数量 QTY
单件 UNIT 共计 TOTAL 重量 WEIGHT Kg
备注 REMARKS
Lyo-C-1
冷冻原理图
2005-142A
1C-001-01
标记 处数 更改文件号 签字 日期
设计 日期
校核 日期
审核 日期
标检 日期
批准 日期
材料 数量 重量 比例
××公司

图 6-29 冷冻原理

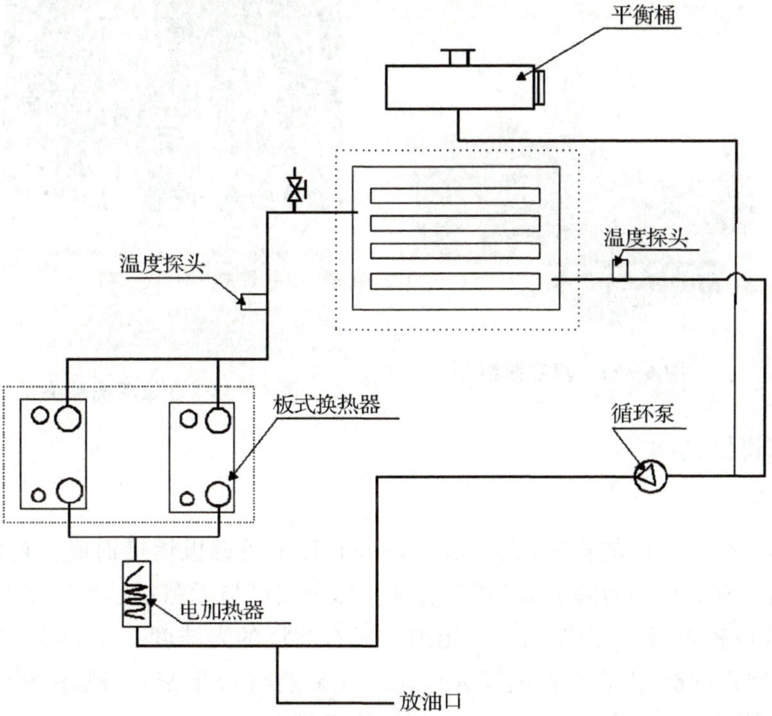

图 6-30　循环系统

循环泵压力继电器的作用：当泵启动时，PLC 自动采集泵出口压力，若没有压力，则说明此电机或者继电器故障，此时程序自动启动另外一台备用电机，确保系统的正常运行。

超温报警继电器的作用：在升华阶段，当“加热控制”这个功能失效时，如导热油温度达到设定值，电加热不会自行切断，继续加热，温度不断升高。当该温度达到超温报警继电器的设定值上限时（一般设定为 70 ℃），继电器会强行切断电加热，否则电加热管的保温材料会因温度过热而燃烧。超温报警继电器在此起到了双重保护的作用。

（四）真空系统

真空系统由冻干箱、冷凝器、真空阀门、真空泵、真空管路和真空测量等部分组成。采用真空泵组（图 6-31），形成强大的抽吸能力，在冻干箱和冷凝器内形成真空，一方面促使冻干箱内的水分在真空状态下蒸发（升华），另一方面该真空系统在冷凝器和干燥腔室之间形成一个真空度梯度（压力差），使前箱水分升华后被冷凝器捕获。

（五）在位清洗系统

在冻干箱内装有广角式和球形式喷头，组成在位清洗系统（图 6-32），当清洗管道内通入水压大于 0.3 MPa 的蒸馏水或清洗水，通过喷头做雾状喷射时，板层同时做上下运行，这样能清洗到箱内和板层的各个地方，达到清洗的目的。

图 6-31　真空泵组

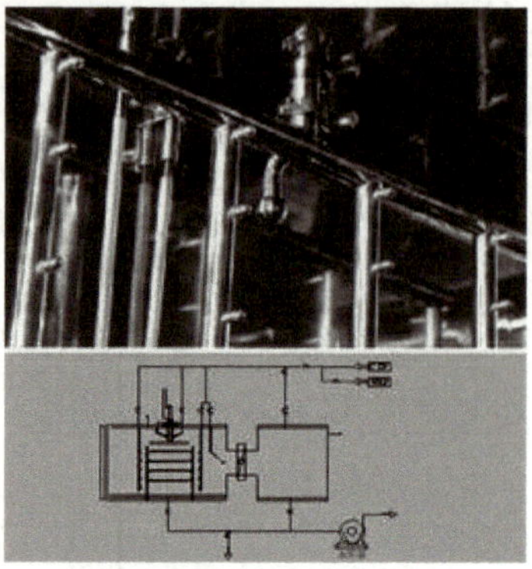

图 6-32　在位清洗系统

三、设备机械结构

（一）箱体

冻干箱是一个长方体的箱体，它是由 AISI 316L 不锈钢板焊接而成。箱体表面粗糙度 $Ra \leqslant 0.4\ \mu m$，所有的角均为圆弧形，利于清洗。冻干箱可与无菌室的墙壁密封安装，箱门框使用 O 形硅橡胶密封，箱门内壁与冻干箱内部具有同样的光洁度。冻干箱箱门的材料采用 AISI 316L 不锈钢制造，内表面粗糙度 $Ra \leqslant 0.4\ \mu m$，能与 O 形密封条紧密贴合，确保了在真空下的密封。箱门的开启角度≥110°。箱门的侧面带有灯视镜。

（二）板层

板层组件通过支架、导杆固定在冻干箱内。最上层的一块板层为温度补偿板，确保箱内产品的空间都处在相同温度环境下。板层采用特殊空心夹板，强度高、密封性好。板层内部的导热流体循环管管道长度相等，确保板层温度的均匀性，且在长期热胀冷缩的工作条件下，不变形、不渗漏。为获得产品最佳热传递面积，板层高度平整光洁，具有最佳的传热效率。板层的后面及两侧设有防护条，以防止盘子超出板面。当板层整体上升时，最下面一块板层离箱体底部的高度一定要小于 500 mm，以免拉坏软管。

（三）中隔阀

在冻干箱与冷凝器之间采用中隔阀隔离，具有密封性好、耐腐蚀性强、寿命长等特点。当其关闭时，确保冻干箱与冷凝器之间的密封，可以使进料/出料操作与冷凝器化霜操作同时进行；当其打开时，允许产品以最佳速率升华。

冻干系统自动模式运行时，在程序控制下，中隔阀能自动开/关动作，进行压力升高试验，以判断冻干周期的终点。

（四）冷凝器

冻干过程依赖于冻干箱和冷凝器之间的水蒸气压力差。只有冷凝器的温度低于冻干箱的温度，才能形成两者之间的压差。因此，如果冷凝器性能不佳，真空泵将无法有效地排除水蒸气，不仅影响产品的质量，还可能缩短真空泵的寿命。

冷凝盘管之间的距离经过严格计算，最大限度地利用了盘管的容冰量，并避免了相互粘连。为获得最佳的周期时间，并充分考虑到制药业进料大的特点，盘管的实际表面积采用超大设计。盘管式结构采用最先进技术制造，升华阻力小，结冰均匀。

化霜方式采用喷淋/水浸的方法，可用温水化霜。化霜时，真空隔离阀被电控系统锁住，处于关闭状态。温度探头采用 Pt-100 铂电阻，铂电阻通过伸入盲管中与相应的盘管进行很好的接触，达到测量温度的目的，温度探头可以从盲管抽出，以便校正或更换。

（五）机架

机架采用一体化的普通低碳槽钢焊接而成，槽钢表面经过除锈处理，并有两道防锈涂层，外层为深蓝色金属漆。

四、系统操作

（一）进入系统

转动钥匙钮，给控制系统供电，打开计算机电源，打开显示器电源。在桌面上选取如图 6-33 所示图标，双击进入 Tofflon 控制系统。或者在桌面开始菜单的程序子目录中选取该图标，进入 Tofflon 控制系统。

登录界面如图 6-34 所示。在“用户名”文本框键入用户名，系统默认状态下用户名文本框内只能输入小写字母，大写字母无效。在“密码”文本框中键入用户密码，密码以星号作为掩码显示。系统默认状态下密码文本框内只能输入小写字母，大写字母无效。单击“Login”按钮后，计算机立刻进行用户名和用户密码鉴别，如果用户名和密码鉴定正确，则显示用户名及级别（图 6-35）。出现此对话框则表示登录成功，进入如图 6-36 所示画面。

图 6-33　冻干机控制系统图标

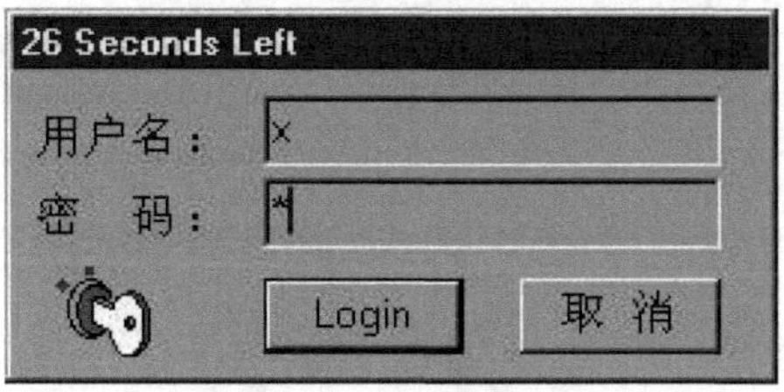

图 6-34　登录界面

图 6-35　用户名及级别显示界面

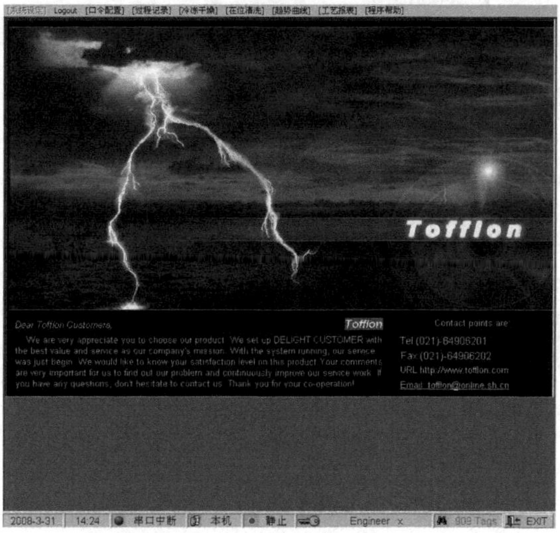

图 6-36　登录成功后进入画面

（二）菜单条的简介和使用

1. “冷冻干燥”菜单

（1）组号选择。

点击“冷冻干燥”菜单，首先出现输入冻干批号的对话窗（图 6－37）。这时可以输入操作人员编号和产品批号。

键入 8 位数字组成的操作人员编号、产品批号后，按“OK”按钮，即可进入冻干机的主画面。

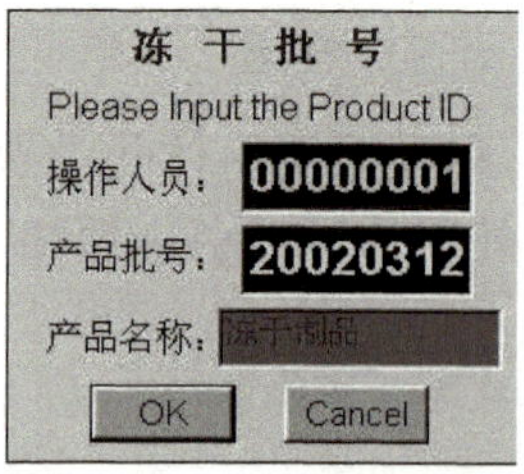

图 6－37　冻干批号对话窗体

注意：

① 操作时，操作人员编号、产品批号不要键入除数字以外的其他字符，否则程序不予以输入。

② 一定要填满 8 位长度，输入字符不满 8 位程序自动在前面加“0”补满 8 位。

③ “产品名称”可键入中文，“操作人员”不可键入中文，否则程序出错。

④ 删除数字可用退格键(BackSpace)，不要使用“Del”键，否则程序不予以作用。

（2）冷冻干燥。

进入冷冻干燥监控主画面(图 6－38)。

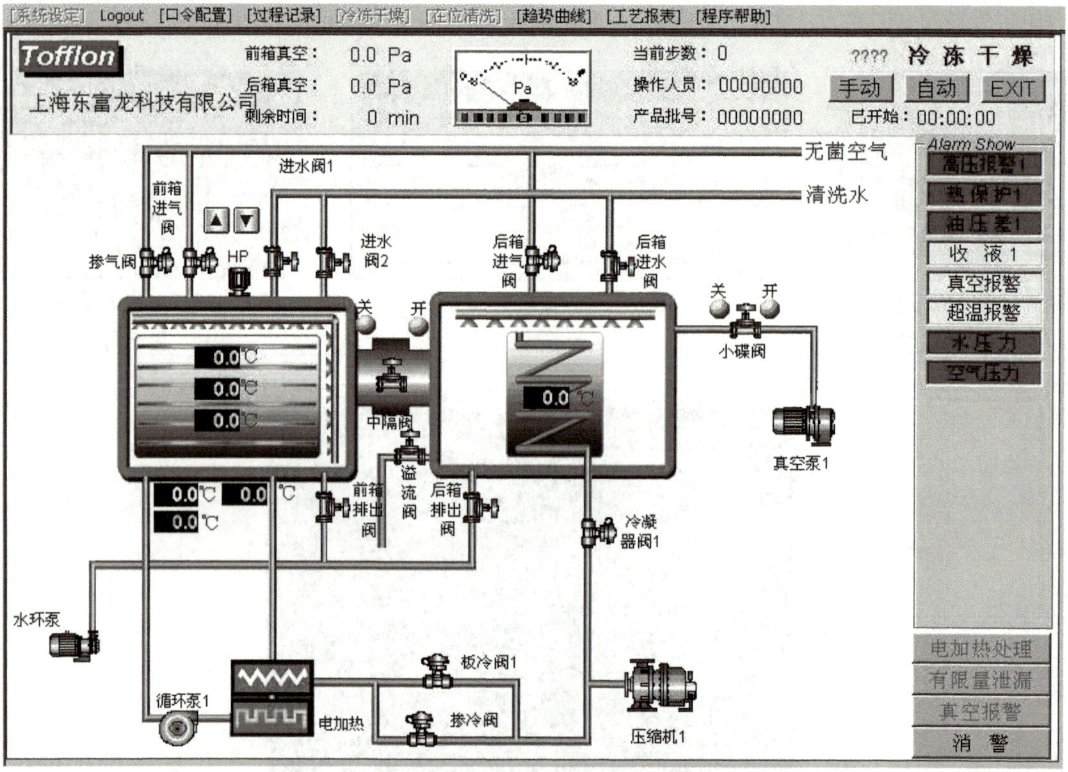

图 6－38　冷冻干燥监控主画面

① 马达和阀门：当马达和阀门为绿色时说明马达和阀门被关闭，红色时说明马达和阀门打开。当鼠标移到马达和阀门上时，光标变成方块，表明马达和阀门在条件满足的情况下可开启；否则说明马达和阀门还未满足某些条件，无法使用。马达和阀门的使用限定：HP

打开时，升、降按钮才有效；所有报警都停止时，压缩机才有效；前、后箱进气阀门只有在真空泵全部关闭时，循环泵1、2才能有效互锁。相关马达、阀门只有在本机操作时才有效。

② 报警显示：当报警显示框背景色为红色时，说明该点处于报警状态，如果用户选择报警闪烁的话，则报警显示框的字体会每隔500 ms跳动一次，提示用户。

③ 数值显示：数值显示框可显示当前的温度和压力，在冷冻干燥画面中压力、温度显示均保留1位小数，当设置值超出量程时，程序自动设置为最大量程。

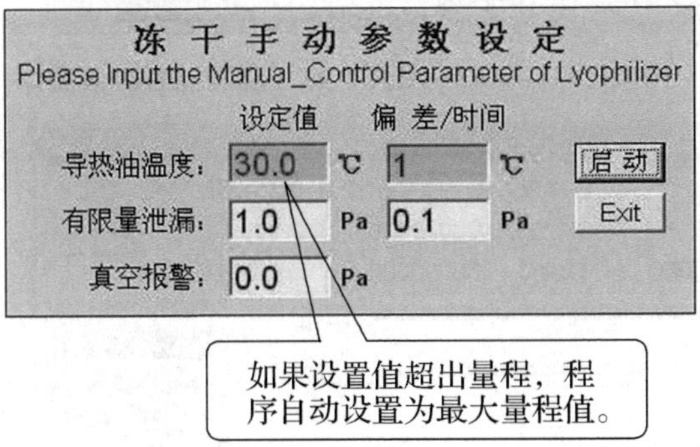

图 6-39

④ 手动程序：当工艺过程不在执行自动程序时，点击图6-38中的"手动"按钮，可显示如图6-39所示画面。点击"Exit"按钮，则不对PLC做任何修改而直接退出手动程序参数设定画面。在图6-39中可设定导热油温度、有限量泄漏和真空报警等参数值。

a. 电加热处理：设定导热油进口的温度和时间后，点击"电加热处理"，温度值随时间逐步平均上升，实际加热按理论值PID控制，实际值控制在理论值±1°内。当导热油温度高于设定值的上限时，程序将会自动启动"掺冷阀"进行掺冷，当导热油温度达到设定值下限时，程序会自动关闭"掺冷阀"。注意：加热时间设置必须"＞0"，否则程序出错。

b. 有限量泄漏：用于控制冻干后期箱内的真空度。当启动"有限量泄漏"，系统会开始比较冻干箱内的真空度。当冻干箱内真空度低于设定值的下限时，前箱的"掺气阀"打开（阀门是微调阀，进气量可调节）；当箱内的真空度达到设定值的上限时，系统会自动关掉前箱"掺气阀"。当关闭"有限量泄漏"，"有限量泄漏"的参数设定将无效。

c. 真空报警：在升华阶段控制冻干箱内的最大允许真空度，当高于设定值时，系统强行断开电加热，打开"掺冷阀"制冷，并发出警报。当关闭真空报警时，程序将不再比较箱内的真空度值。

d. 超温报警：导热油进口温度超过超温报警继电器的设定值时发出的警报。冻干过程中导热油温度过高，程序自动关闭电加热。

⑤ 自动程序：当工艺过程不再执行手动程序时，点击图6-38中的"自动"按钮，可显示如图6-40所示画面。冻干自动程序共有5组预定的工艺组数，选择第1组～第5组即可使用相关的预定参数。

在启动冻干自动程序参数窗体和选择自动程序工艺组数的初始阶段约700 ms时，数值框显示"?"，表示正在从PLC中读取现在的设定值，用户在指定的限制数值范围内，填入正确的数值后，按"设置"按钮，即可将设定值写入PLC中。点击"启动"按钮，即启动PLC自动操作程

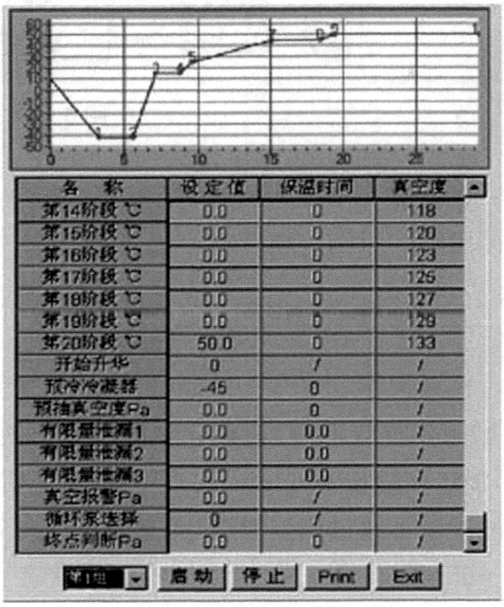

图 6-40　冻干自动程序界面

序。点击“停止”按钮，即可终止 PLC 的自动操作程序。点击“Exit”按钮，则不对 PLC 做任何修改而直接退出自动程序参数设定画面。

注意：自动程序一旦停止以后，就不再允许再次启动自动操作，除非退出整个工艺过程，但手动程序不受影响，可以继续执行。

2. “在位清洗”菜单

点击“在位清洗”菜单，首先出现输入清洗批号的对话窗体（图 6－41），其数值输入过程与冻干批号的输入相同，输入结束点击“OK”即可进入在位清洗监控画面（图 6－42）。

图 6－41　清洗批号对话窗体

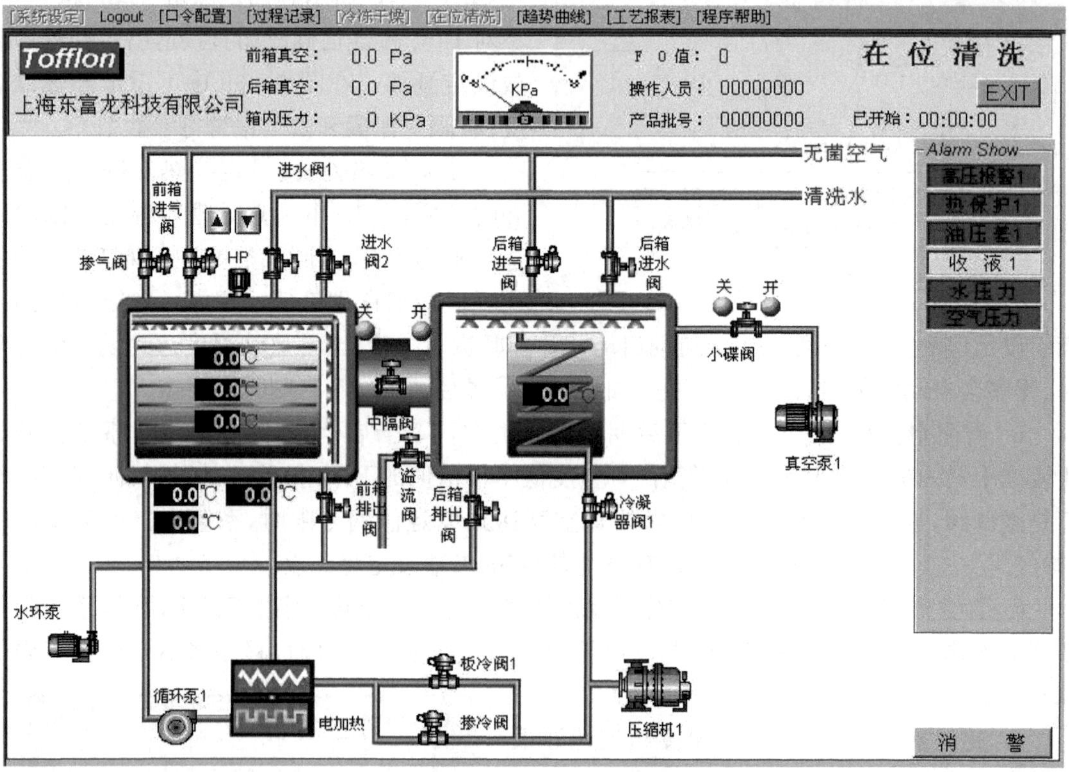

图 6－42　在位清洗监控画面

在位清洗监控画面的使用方法与冷冻干燥监控主画面的使用方法相同，且马达和阀门的使用限定原则也与冷冻干燥过程相同，只是在位清洗过程中没有自动程序，为手动操作。

五、使用操作规程

机器操作者应严格按照操作规程进行，及时进行保养工作。当设备长时间未运行（超过 48 h）或温度较低时，请在开机前将电气控制板上总电源开关打开，打开所有控制小空气开关，加热压缩机油 6 h 以上，等油温正常后，再开启控制钥匙电源，对机器进行操作。尽量控制冷凝器不超过极限温度，不要在低于－70 ℃的温度让压缩机长时间工作，推荐冷凝器温度为－65～－60 ℃。保持压缩机运行状态良好，排气温度不要高于 130 ℃。保持水冷凝器进水温度低于 32 ℃。压缩机油面在视镜的正常位置。

（一）冷冻干燥的操作

1. 手动逻辑控制

手动逻辑控制详情见表 6-9。

表 6-9　手动逻辑控制

控制部件	开启关闭条件				
	条件 1	条件 2	条件 3	条件 4	条件 5
压缩机①	冷冻手动	水压力正常	高压继电器正常	电子热保护正常	油压差、继电器正常
真空泵	冷冻手动	前箱进气阀关闭	后箱进气阀关闭		
循环泵②	冷冻手动	循环泵关闭			
板冷阀③	冷冻手动	循环泵开启	加热控制关闭		
中隔阀	冷冻、清洗手动	后箱进水阀关闭（清洗手动）			
小蝶阀	冷冻手动	气压力			
前箱进气阀	冷冻、清洗手动	真空泵关闭			
后箱进气阀	冷冻、清洗手动	真空泵关闭			
进水阀 1④	清洗手动	气压力		前箱排出阀开启（清洗手动）	
进水阀 2④	清洗手动	气压力		前箱排出阀开启（清洗手动）	
后箱进水阀⑤	清洗手动	气压力	中隔阀关闭	后箱排出阀开启（清洗手动）	溢流阀开启（化霜手动）
前箱排出阀	清洗手动	气压力			
后箱排出阀	清洗手动	气压力			
溢流阀	清洗、化霜手动	气压力			
总排出阀	清洗手动	气压力			

注：① 水压力、高压、电子热保护报警，压缩机关闭；压缩机开启 1 min 后判断油压差是否报警，油压差报警关闭压缩机；在压缩机关闭，水压力、高压继电器、电子热保护正常条件下，当低压报警时自动收液。

② 循环泵开启 1 min 后，判断循环泵压力，循环泵压力报警则切换循环泵，循环泵压力恢复正常时自动消警；在前箱预冷阶段，循环泵因故关机或切换则报警提示。

③ 若压缩机关闭，相应的板冷阀、冷凝器阀关闭。

④ 若前箱排出阀关闭，进水阀 1、2 关闭。

⑤ 若清洗中后箱排出阀关闭或中隔阀打开、化霜中的溢流阀关闭，则后箱进水阀关闭。若超温报警、真空报警、循环泵因故关机或切换，则切断加热控制。

2. 自动程序说明

（1）自动程序开启：在水压力、气压力条件满足时，可启动冷冻自动程序，进入前箱预冷阶段。

(2) 前箱预冷：10 s后按设定选择开启循环泵，5 s后开启压缩机，10 s后开启板冷阀。运行到设定时间，判断温度是否达到设定值：温度达到设定值，运行下一阶段；温度未达到设定值则报警，直至温度达到设定值才运行下一阶段。运行完“开始升华”设定阶段数，结束前箱预冷，进行后箱预冷。

(3) 后箱预冷：关闭板冷阀，5 s后开启冷凝器阀。运行到设定时间，判断温度是否达到设定要求：温度达到设定值运行预抽真空；温度未达到设定值则报警，直至温度达到设定值才运行预抽真空。

(4) 预抽真空：开启真空泵，5 s后开启小蝶阀，300 s后开启中隔阀。运行到设定时间，判断箱内真空度是否达到设定要求：箱内真空度达到设定值运行升华控制；箱内真空度未达到设定值则报警，直至箱内真空度达到设定值才运行升华控制。

(5) 升华控制：开启电加热，关闭掺冷阀。运行到设定时间，判断温度是否达到设定要求：温度达到设定值，运行下一阶段；温度未达到设定值则报警，直至温度达到设定值才运行下一阶段。运行阶段到达设定的最后阶段，且温度、时间都满足要求时，结束升华控制，进行终点判断。

(6) 终点判断：关闭中隔阀，达到设定的时间后进行终点判断：真空变化低于设定值则自动运行结束。若真空变化高于设定值则报警，须切换至手动控制。

(7) 自动结束：关闭小蝶阀，3 s后关闭真空泵，3 s后关闭压缩机、冷凝器阀，3 s后关闭循环泵。

3. 自动逻辑控制

(1) 温度、真空逻辑控制(在前箱预冷阶段，板冷阀开启后进行逻辑控制)。

(2) 板冷阀/冷凝器阀控制：导热油温度小于或等于设定值，板冷阀关闭，10 s后冷凝器阀开启；导热油温度大于或等于设定上偏差值，冷凝器阀关闭，10 s后板冷阀开启。

注意：此设定值在降温时是变量值，保温时是常量值，偏差量值是1 ℃。

(3)后箱预冷、预抽真空、升华控制中的温度控制：导热油温度大于或等于设定上偏差值，掺冷阀开启；小于或等于设定值时，掺冷阀关闭。

注意：设定值在升华时是变量值，保温时是常量值，偏差量值是1 ℃。

(4) 升华中的掺气控制：根据每个阶段选择的掺气段的设定量进行控制，前箱真空度小于或等于设定下偏差值，掺气阀打开；前箱真空度大于或等于设定上偏差值，掺气阀关闭。

(5) 升华控制中的真空报警处理：当前箱真空值大于设定值时，在报警的同时切断电加热。当前箱真空值下降到设定值时，自动开启加热控制。

（二）在位清洗的操作

1. 操作前准备

① 确认注射用水、纯水、冷却水、压缩空气、电源的稳定供应。

② 确认板层升降时不会将测温探头拉断或压坏。

③ 确认总排出阀处于“开”的状态。

2. 清洗、化霜

(1) 冻干箱的清洗。

① 关好冻干箱门。

② 打开前箱出水阀(前箱排出阀)。

③ 打开前箱进水阀,在清洗过程中,要使板层不停地上下移动,使板层上下表面都能被清洗。

④ 对箱体清洗 15～20 min 后,清洗结束,关闭前箱进水阀。

⑤ 打开前箱进气阀进行放气排水,待箱体内大量积水排干净后,关闭前箱进气阀和前箱出水阀。

(2) 冷凝器化霜(后箱捕水器)。

每个冻干周期结束后都必须进行化霜,可采用喷淋式/水浸式的方式对后箱捕水器进行化霜。

① 化霜前应注意事项。

a. 事先检查中隔阀、小蝶阀是否关闭。

b. 压缩空气压力应大于 0.5 MPa。

c. 喷淋式化霜水温应在 50～80 ℃。

d. 确认总排出阀处于"开"的状态。

② 喷淋式化霜。

进入化霜画面,开启溢流阀、后箱出水阀、后箱进水阀,开始进水,将盘管上的冰逐渐融掉。关闭后箱进水阀,将冷凝器内的水排放干净后,关闭溢流阀、后箱出水阀,化霜结束。通过以下两点判断化霜是否结束:

a. 透过视镜窗观察冷凝器盘管上是否还有霜未被化掉。

b. 观察冷凝器温度(一般应大于或等于 20 ℃)。

③ 水浸式化霜。

进入化霜画面,开启溢流阀,开后箱进水阀,待溢流阀有水流出后,关闭后箱进水阀,进行浸泡。当盘管上的冰全部融化后,打开后箱出水阀,将冷凝器内的水排放干净。关闭溢流阀和后箱出水阀,化霜结束。通过以下两点判断化霜是否结束:

a. 透过视镜窗观察冷凝盘管上是否有霜未被化掉。

b. 观察冷凝器温度(一般应大于或等于 20 ℃)。

(三) 应急手动操作

应急手动操作是对系统采取手动控制的一种措施。具体操作规程与外接电脑操作规程相同。

(1) 点击屏幕右下角的"进入系统"按钮,即可进入控制画面(图 6－43)。

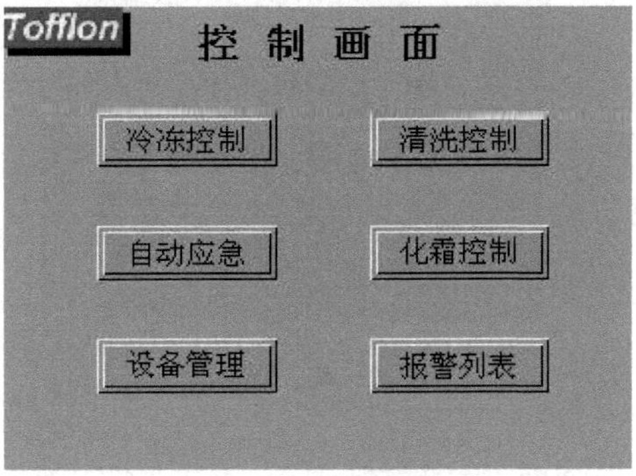

图 6－43　控制画面

（2）点击控制画面中的“冷冻控制”按钮，进入冷冻干燥画面（图6－44）。

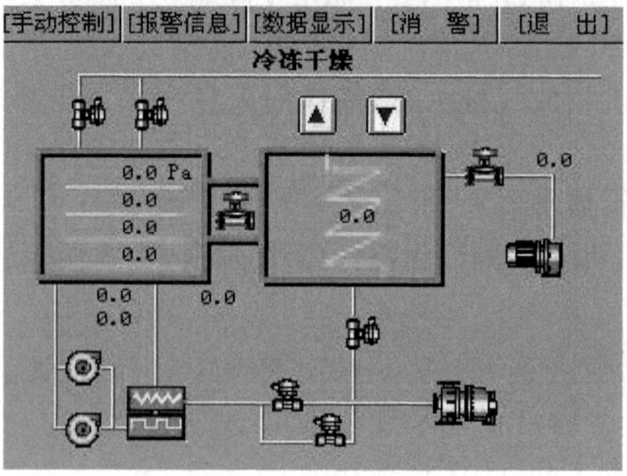

图6－44 冷冻干燥画面

（3）点击冷冻干燥画面中的“手动控制”按钮，即可进入手动参数设定画面（图6－45）。

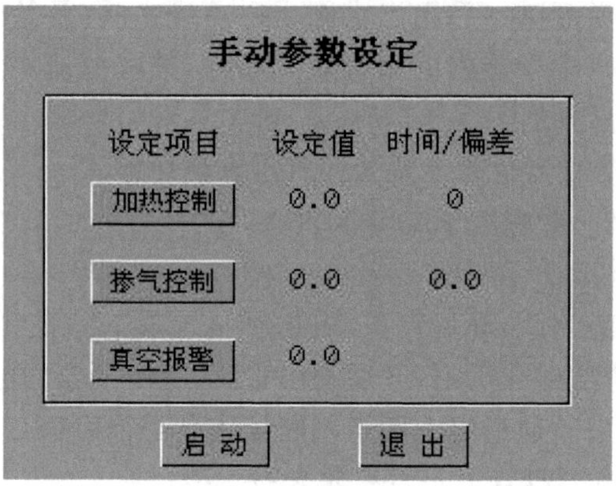

图6－45 手动参数设定画面

点击画面中的数值位置，在弹出的键盘上输入数字后即可完成参数设定，点击“启动”按钮，若有错误则点击“退出”按钮，返回冷冻干燥画面。

（4）点击冷冻干燥画面中的“退出”按钮，出现退出画面（图6－46）。

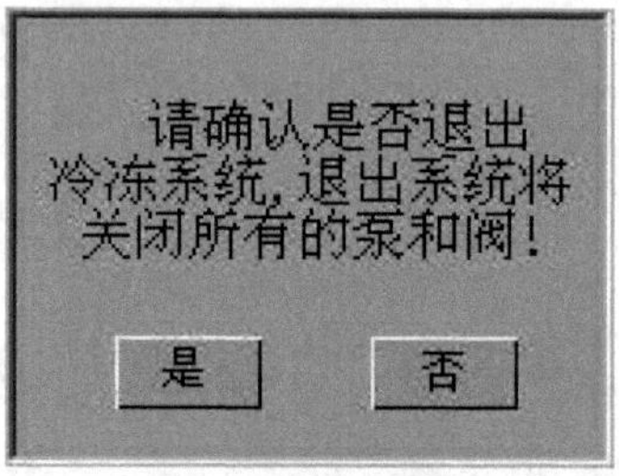

图6－46 退出

点击“是”，退出冷冻干燥画面，返回控制画面；点击“否”，返回冷冻干燥画面。

(5) 点击控制画面中的“清洗控制”按钮，进入在位清洗画面(图 6－47)。

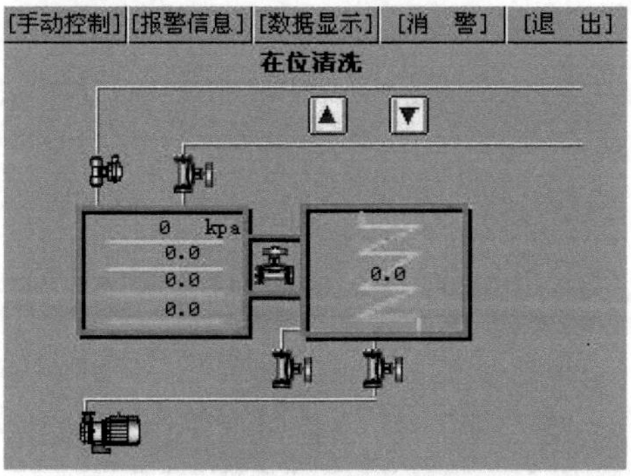

图 6－47　在位清洗画面

退出的操作与冷冻干燥画面相同。

(6) 点击控制画面中的“化霜控制”按钮，进入化霜画面(图 6－48)。

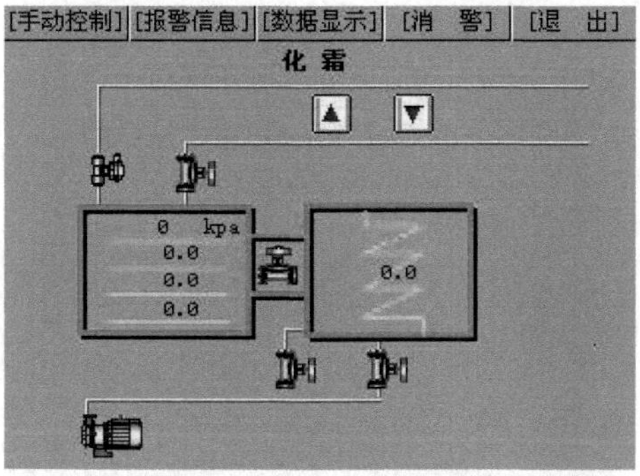

图 6－48　化霜画面

退出的操作与冷冻干燥画面相同。

(7) 点击控制画面中的“自动应急”按钮，进入冷冻自动应急画面(图 6－49)。

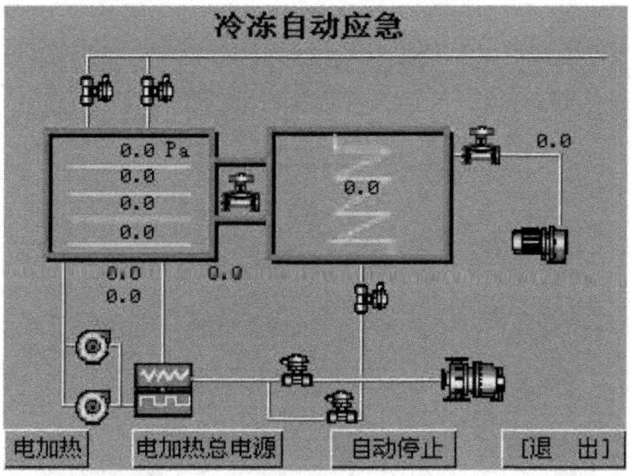

图 6－49　冷冻自动应急画面

点击“退出”按钮，即可退出冷冻自动应急画面，返回控制画面。

(8) 点击控制画面中的“报警列表”按钮，进入报警列表(图 6－50)。

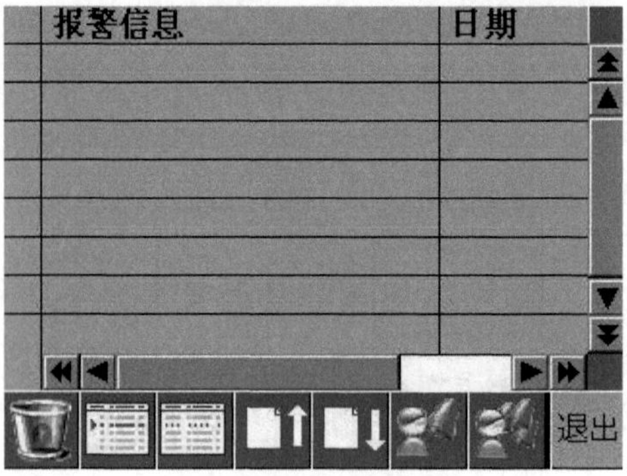

图 6－50　报警列表

点击“退出”按钮，即可退出报警列表，返回控制画面。

(9) 点击控制画面中的“设备管理”按钮，进入设备管理画面(图 6－51)。

设备名称	设定时间	运行时间	退 出
压缩机1	0	0	清 零
备 用	0	0	清 零
备 用	0	0	清 零
真空泵1	0	0	清 零
备 用	0	0	清 零
备 用	0	0	清 零
备 用	0	0	清 零
循环泵1	0	0	清 零
循环泵2	0	0	清 零
液压泵	0	0	清 零
水环泵	0	0	清 零

图 6－51　设备管理画面

点击“退出”按钮，即可退出设备管理画面，返回控制画面。

(10) 点击控制画面中的“数据显示”按钮，即可进入模拟数据显示画面(图 6－52)。

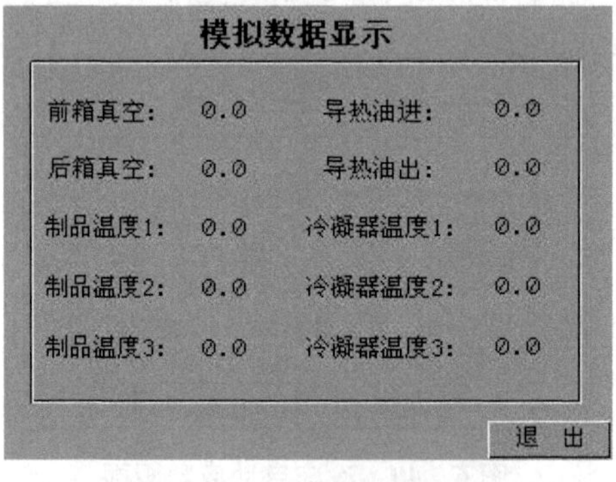

图 6－52　模拟数据显示画面

点击“退出”按钮，即可退出模拟数据显示画面，返回控制画面。

六、冻干机的检验及维护

（一）冻干机的检验

冻干机装配结束后，应对其进行以下检测：

（1）制冷管路检漏(包括热交换器管路)。

（2）抽空并干燥所有制冷管路。

（3）对流体循环管路进行检漏，随后抽空并干燥。

（4）冷却水管路试验。

（5）真空系统试验。

（6）温度探头测试。

（7）开关量传感器信号测试。

（8）控制信号测试。

（9）电机转向检查。

（二）冻干机的充注

1. 真空泵的注油

真空泵必须使用其配套的真空泵油，并严格按照规定使用正确的油号，否则可能会导致真空泵的性能降低，甚至损坏真空泵。加油时，只能使用干净且全新的油；加油前必须确保泵内清洁；油面应保持在两条油位指示线之间(由泵体外壳上的铸出线和标牌上的上、下限标识)。当真空泵在有水或受到污染的环境中工作时，极限压力会升高，泵的机械摩擦也会增大，严重时可能导致真空泵无法运转。此时应更换新油，日常使用中也应定期更换(每半年一次)。

真空泵油更换的顺序如下：

（1）停机，打开放油阀，放出泵内的油。油排完后，关闭放油阀。空转 5 s 后，再次停机并打开放油阀，放出残留在泵体内的油。

（2）关闭放油阀，从加油口注入新的油。加油时，油面应加至两条油位指示线之间。

（3）如果油严重污染，加入新的油后应运转数分钟，以清洗泵体内部。根据油的污染程度，可重复此操作。

（4）更换新油后，启动真空泵，待泵温升高后，确认极限压力是否达标。

（5）如果更换新油后仍无法达到规定的极限压力，可能是泵内积聚了油泥或其他沉积物。

2. 冷冻机油的充注

压缩机应使用比泽尔 B 5.2 专用冷冻机油。机器运行一段时间后，须根据冷冻机油的洁净情况决定是否更换冷冻机油。对于现场安装的装置或接近运行工况极限的机组，建议在运行 100 h 后更换一次冷冻机油。此后，每运行一年或累计运行 10 000～12 000 h，需更换一次冷冻机油。换冷冻机油时，加油量可略少于正常值，一般加至视油镜下限位置。机组正常运行后，应经常观察视油镜的油位(油面应在视油镜的 1/4 到 3/4 范围内)。如果油位低于正常范围，必须补充冷冻机油。加油时，应通过低压缸阀门入口缓慢吸入，注意避免吸入空气。

每半年须检查一次冷冻机油的酸度和洁净程度，必要时更换新油。机器大修时，应更换冷冻机油。

3. 导热液的充注

低黏度硅油循环回路中装有两个充液阀，分别位于循环回路的最高点和最低点。注油时，应打开上侧排气阀，并通过管路连接到贮液桶的注油口。当导热油注至液位中线后，启动循环泵进行排气。在充注过程中，须确保导热油的出口压力正常，排尽管路中的气体，并检查液面高度是否符合要求。

上述工作完成后，应对各管路重新进行检漏。

4. 制冷剂的充注

制冷剂的充注必须在系统排空干燥后进行。系统中残存的空气或水分在一定条件下与氟利昂混合会发生水解，形成酸性物质。这种物质会腐蚀金属，并使油变污浊，从而危害整个设备。

制冷系统安装完毕后，须按以下步骤操作：

(1) 系统打压：可用氮气或氮气与氟利昂的混合气将系统压力充至 1.5 MPa。

(2) 保持压力稳定：加压后保持压力稳定 1 h。

(3) 检漏：使用电子检漏仪和卤素灯检查所有接口处和焊缝处，包括压缩机组、管道、板式换热器等。找出所有泄漏点后，排出气体进行修理。

(4) 重复检漏步骤：重复上述步骤，直至系统无泄漏。

(5) 抽空系统：使用带真空计的真空泵抽空系统。抽空时，可在回气管的终端和压缩机贮液桶最高端的 1/4 in(1 in=25.4 mm)阀处同时进行。

(6) 抽空时间：抽空时间不得少于 24 h。当系统的视液镜指示“dry”时，可认为达到要求；否则应继续抽空或采取措施使系统干燥。如果设备组装前停放时间较长，抽空应重复 2～3 次。

(7) 关闭阀门：抽空合格后，关闭 1/4 in 阀。

(8) 冷却水循环：打开水冷凝器的冷却水，使其循环。

(9) 充注制冷剂：将钢瓶通过带隔离阀的压力表管路连接到压缩机贮液桶的 1/4 in 阀上。钢瓶倒置并置于高于贮液桶的位置，打开 1/4 in 阀，使氟利昂液体流入贮液桶。

(10) 补充制冷剂：设备运行过程中，如需补充少量氟利昂，可从压缩机的低压吸入口充注。此时钢瓶严禁倒置或平躺，充注时须注意视液镜的指示。

(11) 禁止空气进入：充注过程中，严禁空气进入制冷系统。

(三) 设备运行

1. 运行前的准备

(1) 对冻干机进行全面检查。

(2) 彻底清洁干燥箱，清除所有不凝结物质(如油脂、污垢、溶剂等)，并排除箱内水分。然后进行板层上料工作，所有板层必须装载均匀。

(3) 确保箱门及其密封处无杂质。

(4) 确认产品探头放置正确。

(5) 确认控制系统所有开关已复位。

(6) 在不过分用力的情况下关闭干燥室的门。

(7) 确保所有仪表处于正常工作状态。

(8) 确认无报警信号显示。

(9) 根据需要设置制冷、加热温度及速率。

(10) 确保电气柜上的钥匙开关处于“开”位置。

2. 空载运行

如果设备是首次运行或停放时间较长，需要重新运行时，为确认设备的性能状况，应首先进行一次空载运行。设备的抽空速率和真空度可能较差，这属于正常现象，但需要密切注意以下情况：

(1) 制冷机组的声音和发热情况。

(2) 冷冻机组的油位和色泽。

(3) 机头和机尾的结霜情况。

(4) 视液镜的颜色和气泡。

(5) 压缩机贮液桶的温度。

(6) 循环泵的声音和压力。

(7) 放气、放水和化霜阀的漏气情况。

(8) 真空泵开启 30 min 后的声音及排烟口的排烟量。

压缩机机头结霜的多少和视液镜中气泡的多少能间接反映膨胀阀的开启程度。操作者在调节膨胀阀时，每次调节量不可过大，两次调节之间的时间间隔应不少于 15 min，以便观察系统的运行趋势。膨胀阀调节过度或不足不仅无法有效制冷，还可能损坏设备，应以机头轻微结霜、视液镜中无气泡为宜(开机 2 h 后观察)。冷凝器的膨胀阀和热交换器的膨胀阀应分别调整。膨胀阀一旦调定，除非工况发生较大变化，否则不应再调整。

(四) 冻干机的维护检查

为确保制品质量稳定和设备正常运行，须从以下方面进行维护检查。

1. 日常维护检查

(1) 冷却水：检查温度、压力、流速、洁净程度和水的硬度。

(2) 控制系统：检查热保护器、继电器、接触器等，以及制品探头和真空规管。

(3) 制冷机组：

① 开机前和开机后检查压力表读数。

② 检查低压压力继电器的动作，特别是冷却水是否开启。

③ 检查制冷机的油面(启动阶段，有/无负荷时)。

④ 检查制冷机的油况(色泽和油位)。

⑤ 检查制冷机的机壳温度。

⑥ 检查吸入口的结霜情况。

(4) 真空泵：

① 检查真空泵内油的色泽和浑浊情况。

② 检查噪声大小和泵体温度。

③ 检查真空表头在气压下的校正情况。

（5）箱体：

① 检查观察窗玻璃的洁净情况。

② 检查门封条的洁净和密封情况。

③ 检查板层升降的平衡情况。

（6）导热油循环系统：

① 检查循环泵工作时油的压力。

② 检查膨胀容器的油面和色泽（开机前、冷却时和加热时）。

（7）阀门：

① 检查所有气动阀门的开/关灵活性，尤其是真空蝶阀的开关到位情况，必要时修理。

② 检查所有电磁阀的有效性。

2. 每周维护检查

（1）执行日常维护检查。

（2）放尽真空泵排气管的杂质。

（3）如有需要，给真空泵补充油。

（4）检查真空阀，如有需要，给蝶阀的各部分加润滑脂。

（5）进行导热液测试，检查搁板温度的均匀性。

（6）抽查一批产品的质量和干燥时间。

3. 每月维护检查

（1）执行日、周维护工作。

（2）检查板层冷却和加热性能。

（3）检查压缩机组运行情况。

（4）检查高压表的压力、视液镜的颜色和气泡情况。

（5）检查真空泵运行情况和真空阀状况。

（6）校准温度探头和真空探头。

（7）抽查一批产品的质量和干燥时间。

4. 每半年进行的维修操作

（1）执行每日、周、月的维护检查。

（2）更换真空泵油并清洗过滤器。

（3）检查压缩机油的酸度和洁净程度，必要时换油。

（4）检查探头和仪表的准确性。

（5）检查接地和所有安全装置。

5. 每年进行的维修操作

（1）执行每日、周、月、半年的维护检查。

（2）大修主要设备部件，如压缩机、真空泵、阀门和制冷剂过滤器等。

（3）检查所有辅助电器、继电器和脱扣开关的接线端子。

（4）检查冻干控制器和 PLC 的运行情况。

（5）大修设备的全部公用工程。

（6）检查所有仪表的校准情况。

6. 维护检查总结

冻干机各设备部件的维护检查总结如表 6－10 所示。

表 6－10　冻干机各设备部件的维护检查总结

检验项目	每日	每周	每月	每半年	每年
压缩机	例检	例检	例检	例检	大修
真空泵	例检	例检	例检	清洗滤网	大修、换油
阀门	—	一般检查	例检	例检	大修
仪表	例检	—	测量	例检	大修
制冷系统	一般检查	例检	例检	例检	大修
导热油系统	一般检查	—	例检	例检	大修
冷却水	测量	—	—	—	大修、过滤
压缩空气	测量	—	—	—	大修
电路系统	例检	例检	例检	小修	大修

（五）系统的常见故障分析

冻干机各系统的一些常见故障、原因分析和排除方法见表 6－11 至表 6－13。

表 6－11　真空系统的常见故障、原因分析和排除方法

常见故障	原因分析	排除方法
真空度不高	泵温太高，可能是泵的阀片或内腔刮伤磨损，转子轴心产生位移造成单面磨损	修复后重新装配
	泵油问题： ① 油位过低，密封不严； ② 油被污染呈乳黄色； ③ 油位正常，油路不通，泵腔内没有保持适当的油量	① 加油； ② 应换油； ③ 检查油路及油阀的进油量
	泵本身漏气：密封圈、气镇阀垫圈损坏或未压紧，排气阀片损坏，造成密封不好	针对具体情况更换密封圈或阀片
	进气口过滤网被堵塞	拆下清洗
电机超负荷运转，泵运转中有异常杂音、噪声，旋转困难	泵温太高，可能是泵的阀片或内腔刮伤磨损，转子轴心产生位移造成单面磨损	修复后重新装配
	弹簧变形或断裂，使旋片受力不均匀而发出冲击声	更换弹簧
	过滤网损坏，碎物落入泵内	应拆下清洗
	泵腔内污染严重，零件锈蚀	换油
	泵腔轴和轴套配合过紧，造成润滑不良	重新装配并疏通油路

（续表）

常见故障	原因分析	排除方法
漏油、喷油	转轴、油窗、放油孔等部位的密封圈损坏或装配不正确	应更换密封圈或重新装配
	进气口压强过高	设法减少进油量
	油量过多，产生喷油	放出一部分油
	排气盖下面的挡油网装反，引起喷油	重新装配

表 6－12　制冷系统的常见故障、原因分析和排除方法

常见故障	原因分析	排除方法
电动机不启动	电源不通，电压过低	按说明书要求，使电源接通、电压正常，有关触头复位即可
电动机拖不动	由于制冷机负荷过大，远远超过电动机的额定功率，致使压缩机不运转或运转显著减慢，而电动机发出嗡嗡声，此时应立即关掉电源进行检查	检查三相是否有电，供电电压是否正常
水压力报警停机	水冷凝器的冷却水压力低于水压力继电器的设定值，压缩机自动停机	消警，检查水管，恢复水压力至正常，重新开启压缩机
油压差报警停机	回油不畅，造成压缩机曲轴箱内油位不够，油泵吸不到油	更换新的油分离器
	油纯度低造成油泵过滤器堵塞	需换油，并清洗油过滤器
	油压差继电器失灵	更换新的油压差继电器
高压报警停机	制冷剂太多，排气压力高	应放出部分制冷剂
	冷却水温度高，流量不足或水冷凝器结垢	按要求使用冷却水温度、流量；清洗水冷凝器
	制冷管道低压段有泄漏，吸入空气	制冷管路检漏
	高压排气阀没有开足或损坏，造成排气不畅	高压排气阀开足或更换新阀
电机热保护停机	系统回气量不足，电机没有得到充分冷却	调整膨胀阀，加大系统的循环量，使电机充分冷却； 检查供液管路是否发生堵塞(供液截止阀，干燥过滤器，电磁阀、膨胀阀前的滤网)，如发生堵塞要进行解决； 检查回气管路和压缩机的吸气过滤器有无堵塞，有堵塞进行修复； 检查是否缺少制冷剂，如缺少制冷剂需补充制冷剂

（续表）

常见故障	原因分析	排除方法
冷凝器性能变差	冷凝器化霜不彻底，使传热性能变差	化霜彻底，把水排放干净
	产品装量超过设定值	不要超过最大捕水量
	制品升华加热量过大，升华过快	放慢加温速度
制冷量不足或无制冷量	膨胀阀开启过大，此时搁板或水汽凝结器温度下降至设定值以下，而压缩机结霜严重	调节膨胀阀
	膨胀阀开启过小，此时温度降不下去，但压缩机温度很高，吸气阀处不结霜，吸气压力与搁板或水汽凝结器所对应的蒸发温度比搁板或水汽凝结器的温度低很多	调节膨胀阀
	制冷系统堵塞不畅，如过滤器堵塞、阀门未开启、电磁阀失灵、膨胀阀堵塞等	疏通制冷系统，更换零部件
	制冷剂充灌不足，此时温度降不下去，且吸气压力低，吸气阀处不结霜	充注制冷剂
	压缩机阀板上部或汽缸下部的纸垫被击穿或破裂，或压缩机吸、排气阀片破碎	更换纸垫或阀片

表 6-13　循环系统的常见故障、原因分析和排除方法

常见故障	原因分析	排除方法
导热油压力低	导热油中有空气	开启循环泵，有软管一端连接在导热油排气口，一端与平衡桶连接，打开排气阀，排尽管路中的空气
导热油进出口温差大	导热油流量不足（导热油性能下降，循环泵性能下降）	换导热油，修循环泵
	测温探头有故障	更换测温探头
	有空气混入导热油	排空气
循环泵切换	压力不稳定	排空气
	循环泵已损坏	更换或修理循环泵
	继电器已损坏	换修或修理继电器

（六）润滑剂与导热油使用

冻干机各部位使用的润滑剂与导热油的牌号、数量及更换时间如表 6－14 所示。

表 6－14　润滑剂与导热油一览表

使用部位	牌号	数量	更换时间
压缩机	比泽尔 B 5.2 专用油	5 kg	每 1 000 h 更换或进行酸度试验
导热油	低黏度硅油	50 kg	每 5 年(视制冷、加热各项指标确定)更换
真空泵	爱发科专用真空泵油	2.5 L	周期检查，每半年更换
油泵站	抗磨液压油 46 号	15 L	每 2 500～3 000 h 更换
阀门	普通润滑脂		大修时使用，注意不可污染真空系统的管道内部
密封圈	EDD 真空硅脂		视情况更换

进度考核评定

◇进度考核题目

一、简答题

1. 简述真空冷冻干燥机的组成。
2. 简述真空冷冻干燥机的操作过程。
3. 简述真空冷冻干燥机的维护维修过程。

二、实际操作题

操作并维护维修真空冷冻干燥机。

◇进度考核评定标准

进度考核评定标准见表 6－15。

表 6－15　进度考核评定标准

编号	考核内容	分值	得分
1	熟悉真空冷冻干燥机的结构和工作过程	30	
2	能正确操作真空冷冻干燥机	35	
3	能正确维护维修真空冷冻干燥机	25	
4	保证安全和场地整洁	10	
合　计		100	

任务三 轧盖机

学习目标

1. 能按要求操作 ZG－KGL10A 型轧盖机。
2. 能按要求维护维修 ZG－KGL10A 型轧盖机。

所需设备和工具

所需设备和工具见表 6－16。

表 6－16　所需设备和工具

名称	规格	单位	数量
轧盖机	ZG－KGL10A 型	台	1
维护维修工具箱		个	1

一、结构特征与工作原理

ZG－KGL10A 型轧盖机是大批量生产粉针或冻干产品的理想设备，其主要工作原理是利用输送带进瓶，轧盖头与待轧盖瓶旋转，同时小轧刀自动进刀，并完成锁盖，其结构如图 6－53 所示。

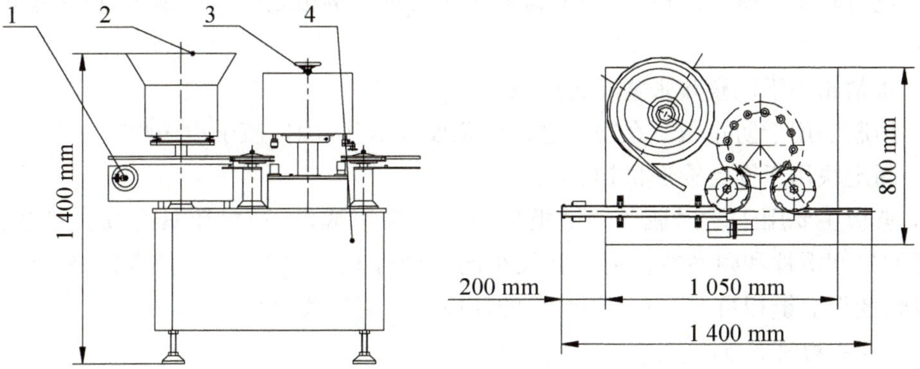

1. 输送机构；2. 振荡落盖机构；3. 轧盖机构；4. 传动机构。

图 6－53　ZG－KGL10A 型高速轧盖机的结构

（一）输送机构

1. 输送机构的原理

输送机构主要用于接传理瓶转盘推入的待轧盖瓶子，并将瓶子送入控瓶盘，其结构如图 6－54 所示。

（1）输送电机上配用的是 WJ40－YO60－20 型空轴蜗轮减速器。此减速器的优点是：可正反转；适用于室内外各种场合，可在环境温度为－10～40 ℃范围内使用。安装时，应校

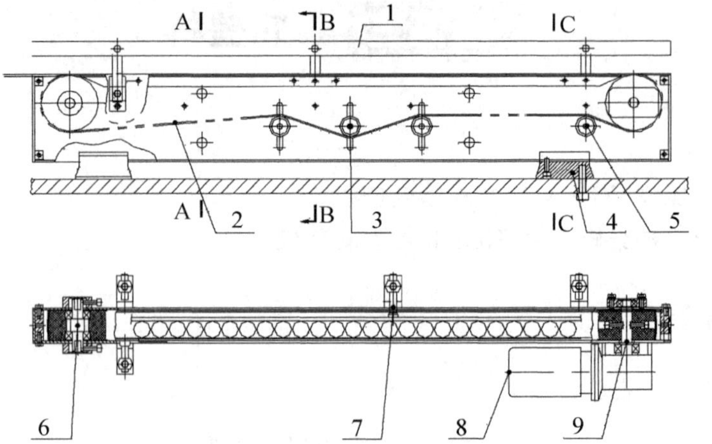

1. 挡瓶条；2. 链板；3. 张紧轮；4. 固定块；
5. 托带轮；6. 尾轮；7. 挡瓶条升降调整机构；8. 输送电机；9. 头轮。

图 6－54　输送机构的结构

准减速器与头轮的连接轴的轴心线及水平度。安装必须牢固、可靠，试转必须灵活，无卡滞现象。安装联轴器等相关连接件时，请轻、慢压入，不允许锤击打入。

（2）头轮主要用于通过蜗轮减速器带动输送链板。其材质为尼龙 1010，这种材质具有高强度的疲劳性能、较高的刚性、良好的耐热性和耐磨性。

（3）挡瓶条升降调整机构用于调节挡瓶条的宽度和高度，主要目的是适应不同直径和高度的瓶子。

（4）尾轮主要用于通过蜗轮减速器带动输送链板，其材质为尼龙 1010。

（5）托带轮用于压紧链板，主要是为了增加头轮与链板之间的摩擦力，以保证链板的正常传动。

（6）张紧轮用于调整和张紧输送链板。

（7）挡瓶条用于防止瓶子在输送过程中跑偏或卡住，确保瓶子输送顺畅。

（8）固定块用于固定输送机构。

（9）链板主要用于输送瓶子。链板材质选用聚甲醛，这种材质具有高弹性模量、高硬度、良好的自润滑性和耐磨性。由于其较小的蠕变性和吸水性，尺寸稳定性好，使用过程中不会掉屑、变形。链板可在－40～100 ℃的环境中长期连续使用。

2. 输送机构的调节

（1）输送链板的结构如图 6－55 所示。

设备运行一段时间后，输送链板由于机械拉力的作用，以及链板与头轮、尾轮的磨损，运行中会出现链板打滑现象，从而影响瓶子的输送速度。因此，调节输送链板的张紧度至关重要。其调节方式如下：

① 拧松尾轮调整螺丝，松开压带轮两面调整螺丝，向下推压压带轮至适当的松紧位置。

② 拧紧压带轮两面调整螺丝，再拧紧尾轮调整螺丝。

在拧紧过程中，须确保压带轮和尾轮的两侧保持水平。否则，链板运行时可能会因跑偏而摩擦输送带侧板，从而导致异常噪声。

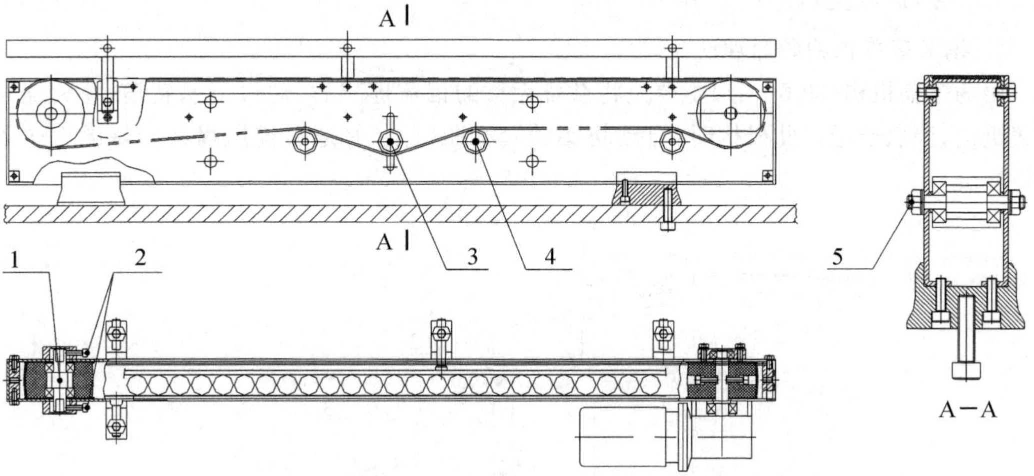

1. 尾轮；2. 尾轮调整螺丝；3. 压带轮；4. 托带轮；5. 压带轮调整螺丝。

图 6－55　输送链板的结构

(2) 挡瓶条的结构如图 6－56 所示。

为适应用户需求，轧盖机可适应多种规格瓶子的生产，因此需要经常调节进瓶轨道上的挡瓶条的宽度及高度。其调节方式如下：

① 在瓶子的直径相同但高低不同的情况下，需要调节挡瓶条的高度。挡瓶条高度的调节：拧松调整螺丝 A，向上或向下调整立柱，使挡瓶条的最高位置与瓶子的肩台位置基本平齐，然后拧紧调整螺丝 A。

② 在瓶子的直径与高度都不同的情况下，需要调节挡瓶条的宽度。挡瓶条宽度的调节：拧松调整螺丝 B，将两侧挡瓶条向中间轻推至适当位置，拧紧调整螺丝 B。再按挡瓶条高度的调整方法进行高度调节。一般情况下，挡瓶条的宽度应为生产用瓶直径＋1 mm。

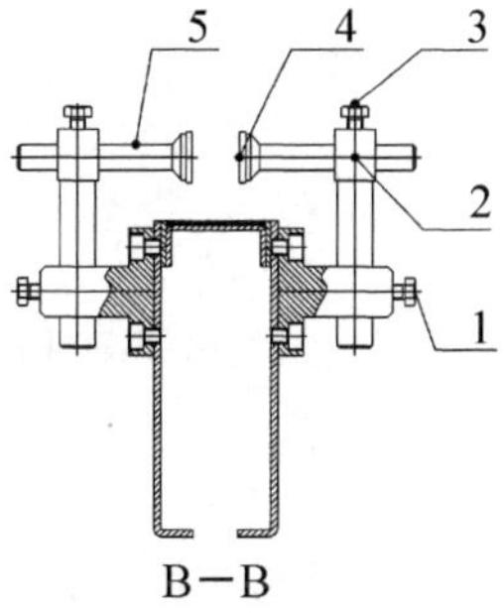

1. 调整螺丝 A；2. 立柱；3. 调整螺丝 B；4. 挡瓶条；5. 挡板固定横杆。

图 6－56　挡瓶条的结构

3. 输送机构常见故障及排除方法

输送机构的常见故障及排除方法见表 6－17。

表 6－17　输送机构的常见故障及排除方法

常见故障	原因分析	排除方法
卡瓶	输送机构轨道卡瓶	调节输送机构上的挡瓶条宽度
无法开启输送轨道	输送电机不运行	检查输送电机是否烧坏； 检查连接电源线路是否松脱
	电机运行输送带不运行	检查蜗轮减速器是否运行正常，蜗轮减速器内齿轮是否磨损； 检查输送链条是否打滑，若打滑，参照输送链条调整方法进行调节

（二）振荡落盖机构

1. 振荡落盖机构的原理

振荡落盖机构(图 6－57)主要是将杂乱无章的铝盖理顺后，通过下塞轨道，将铝盖送至套盖机构，当瓶子经过此机构时，自动将铝盖套在瓶口上，并通过控瓶盘将套好的瓶送入轧盖机构。

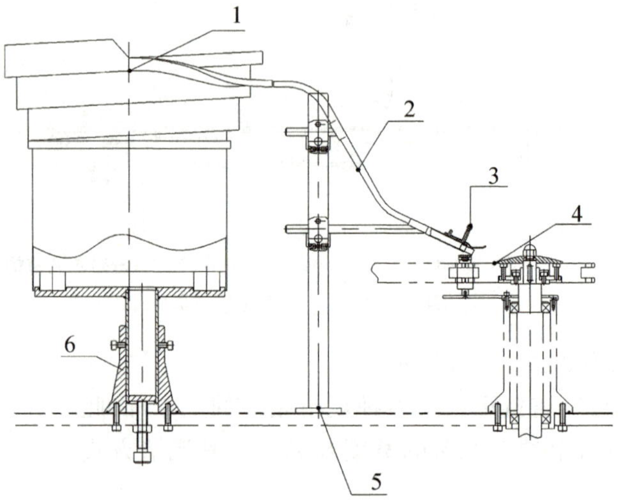

1. 振荡斗；2. 下盖轨道；3. 落盖机构；4. 控瓶盘；5. 立柱；6. 振荡器固定座。

图 6－57　振荡落盖机构

（1）振荡斗用于理顺铝盖。其主要功能是通过激振器产生振动，使杂乱无章的铝盖在振荡斗内重新排列，并通过特制轨道的筛选，将铝盖按照正确的朝向送入后续工序。具体过程：铝盖被倒入振荡斗后，激振器驱动弹簧振动，带动振荡斗内的铝盖运动。轨道上的缺口会筛选铝盖的朝向，口向下的铝盖会掉落回振荡斗内，而口向上的铝盖则被送入下盖轨道。通过这种方式，铝盖得以正确理顺。

（2）下盖轨道用于连接振荡斗与落盖机构。

（3）落盖机构用于控制铝盖的定位。当待轧盖瓶运行到落盖机构时，瓶口与铝盖接触，使铝盖精准地套落在待轧盖瓶上。

（4）控瓶盘用于定位待轧盖瓶，使其处于固定位置，以便小轧刀能够准确进刀，从而实现轧盖操作。

（5）立柱用于固定下盖轨道。

（6）振荡器固定座用于固定振荡器。

2. 振荡落盖机构的调节与规格件的更换

（1）振荡器的调节与规格件的更换。

① 振荡器频率的调节。振荡器通过变频器调节其频率，以满足生产需求。一般情况下，振荡器的工作频率应根据生产需要进行调整。在生产过程中，如果发现铝盖供应不足，应顺时针调节变频器的调节钮，以增加频率；如果发现铝盖过于拥挤，应逆时针调节变频器的调节钮，以降低频率。

② 振荡器(图 6－58)高低的调节。在使用过程中,下盖轨道上的落盖机构与瓶口位置调整好后,若发现振荡器的出盖口与下盖轨道不在同一高度,须整体调节振荡器的高低。其调整方式如下:拧松振荡座上的振荡器方向旋转调整螺栓,打开振荡器下的封板,顺时针或逆时针旋转振荡器高度调整螺栓,使振荡器升高或降低,达到理想高度后,锁紧螺帽,装好封板,拧紧振荡器方向旋转调整螺栓。

③ 振荡斗的更换。在生产过程中,为适应多种铝盖在同一台设备上生产,当现生产的铝盖与原生产的铝盖不同时,需更换振荡斗。其更换方法如下:拧下振荡斗与振荡器的连接固定螺丝,取下振荡斗,找到适配的同规格振荡斗并安装好,拧紧固定螺丝。

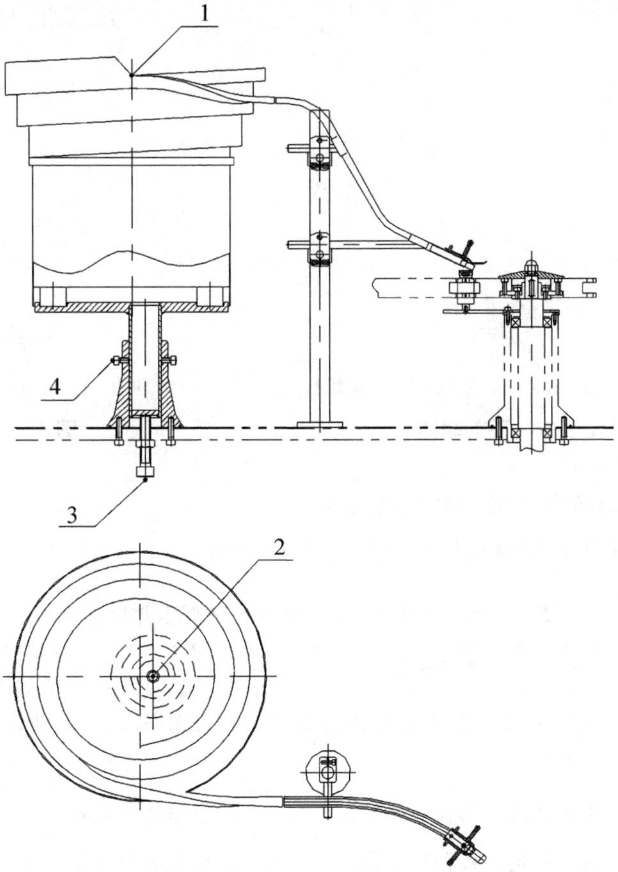

1. 振荡斗；2. 料斗固定螺丝；3. 振荡器高度调整螺栓；4. 振荡器方向旋转调整螺栓。

图 6－58　振荡器

(2) 下盖轨道与落盖机构的调节。

① 下盖轨道(图 6－59)高低的调整。在设备的使用过程中,必要时须调整下盖轨道的高度,以适应生产需要。其调整方式如下:拧松轨道固定座上的固定螺丝,向上或向下调整轨道至适当高度后,拧紧轨道固定座上的固定螺丝。

② 落盖机构(图 6－60)的调节。落盖机构的性能,直接影响整台轧盖机的自动上盖率,因此,调节落盖机构是整台轧盖机最为重要的环节。调节压板高度及弹簧松紧度,西林瓶经过落盖机构下方时无卡顿、能轻松成套为宜。

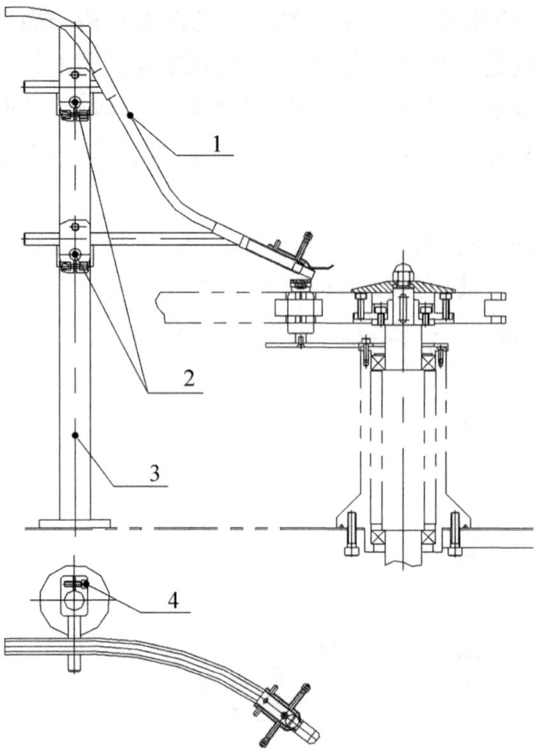

1. 轨道；2. 轨道固定座；3. 立柱；4. 固定螺丝。

图 6－59　下盖轨道

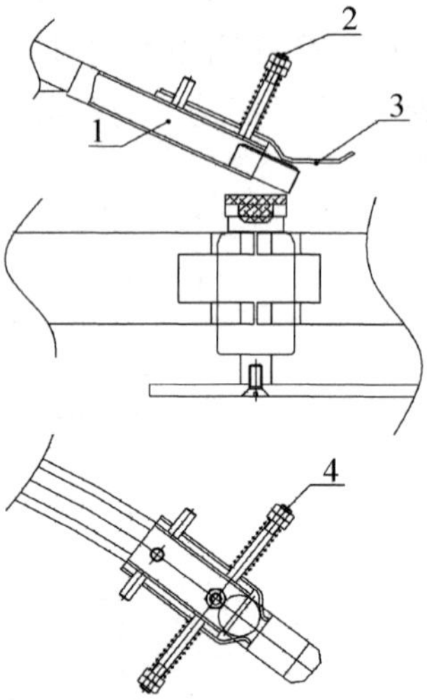

1. 轨道；3. 落盖压板；2、4. 压板调节弹簧。

图 6－60　落盖机构

3. 振荡落盖机构的常见故障及排除方法

振荡落盖机构的常见故障及排除方法见表 6－18。

表 6－18　振荡落盖机构的常见故障及排除方法

常见故障	原因分析	排除方法
下盖不顺畅	振荡斗与下盖轨道的接合处配合不好	松开振荡器立轴上固定螺丝，旋动振荡器，调整至适当位置
	下盖轨道与落盖机构配合不好	调整至适当位置
	落盖机构压板弹簧太紧	调整至适当位置(参照落盖机构的调节)
落盖不准确	落盖机构与待轧盖瓶的运动轨迹偏离	调整下盖轨道至适当位置(参照下盖轨道的调节)
噪声大	下盖轨道与振荡斗出盖轨道接口碰撞	调整振荡器与下盖轨道的距离，相互之间的距离以 2～3 mm 为最佳

（三）轧盖机构

1. 轧盖机构的原理

轧盖机构由控瓶盘、上压头、进刀凸轮、轧刀、下压头等组成，如图 6－61 所示。其工作原理如下：待轧盖瓶进入控瓶盘并运行到落盖机构位置时，铝盖被套落在瓶口上。小控瓶盘将待轧盖瓶送至下压头，下压头将瓶提升至上压头，压头将瓶、铝盖及胶塞压紧，小轧刀通过进刀凸轮将铝盖轧紧后，进刀凸轮退刀，由出瓶用控瓶盘将瓶送出，完成轧盖工艺。

轧盖头采用10只小单刀轧盖，轧头对瓶子外形尺寸差异适应能力强，对瓶盖精度要求低，可适应多种瓶子规格的轧盖。由于采用小单刀，进刀由凸轮曲线控制，能减少轧盖的碎瓶率和废品率。

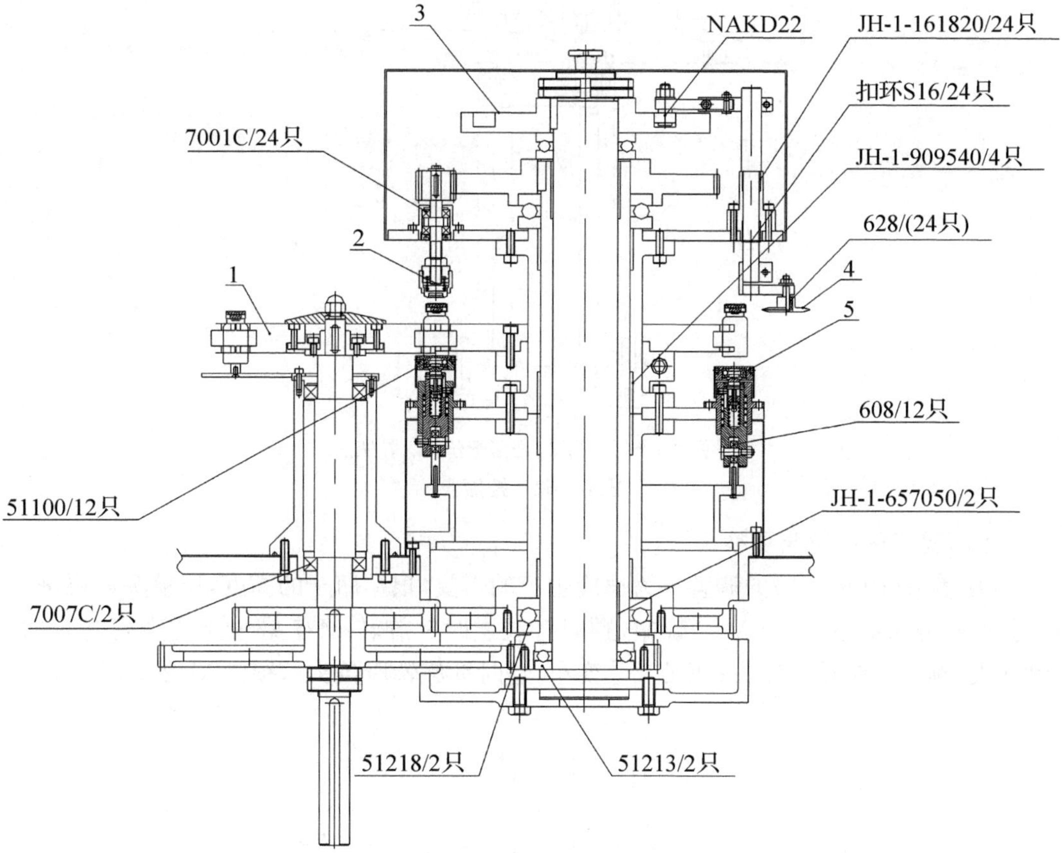

1. 控瓶盘；2. 上压头；3. 进刀凸轮；4. 轧刀；5. 下压头。

图6-61　轧盖机构

(1) 控瓶盘用于控制待轧盖瓶的运动轨迹，其材质是尼龙1010。

(2) 上压头用于压紧玻璃瓶上的胶塞及铝盖，使轧盖后的瓶子密封性能达到最佳效果。

(3) 下压头用于提升瓶子。

(4) 轧刀用于轧卷铝盖。其材质为Cr12，这种材质具有较高的耐磨性、韧性和淬透性，硬度高、变形小。

(5) 进刀凸轮用于控制轧刀的运动行程。进刀量的多少由凸轮曲线来控制。

2. 轧盖机构的调整及规格件的更换

(1) 控瓶盘的调整及规格件的更换。

① 控瓶盘(图6-62)的调整。生产过程中，由于卡瓶或其他原因，控瓶盘的开口与轨道可能会偏离，故需要调整控瓶盘。其调整方法如下：拧下压盖上的螺帽，取内六角扳手，拧松压紧螺丝后，调整控瓶盘到适当位置。

② 控瓶盘的更换。为满足生产需要，此轧盖机可适用于多种规格的瓶子。由于瓶子的直径不同，需要更换控瓶盘。其更换方法如下：拧下压盖上的螺帽，取内六角扳手，拧下压紧螺丝，取下控瓶盘，更换合适尺寸的控瓶盘。

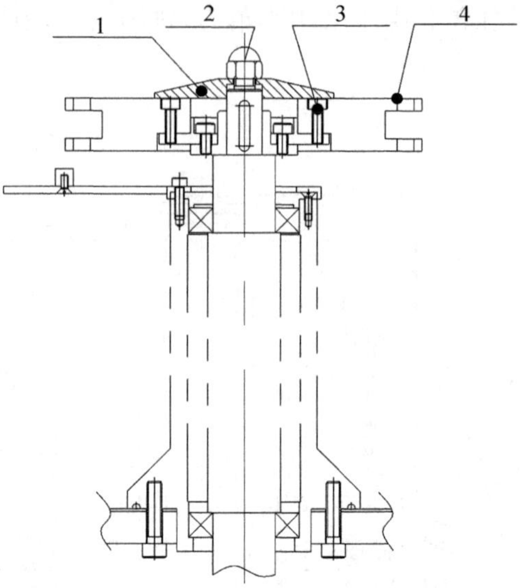

1. 压盖；2. 螺帽；3. 压紧螺丝；4. 控瓶盘。

图 6－62　控瓶盘

(2) 压盖头的调整与更换。

① 压盖头(图 6－63)的调整。为适应生产的需要，根据瓶子的高度，压盖头需要进行调整。其调整方法如下：拧松 M12 螺帽，顺时针或逆时针旋转 M27 螺母至适当高度后(瓶子尺寸变大，顺时针旋转压盖头；瓶子尺寸变小，逆时针旋转压盖头)，锁紧 M12 螺帽。

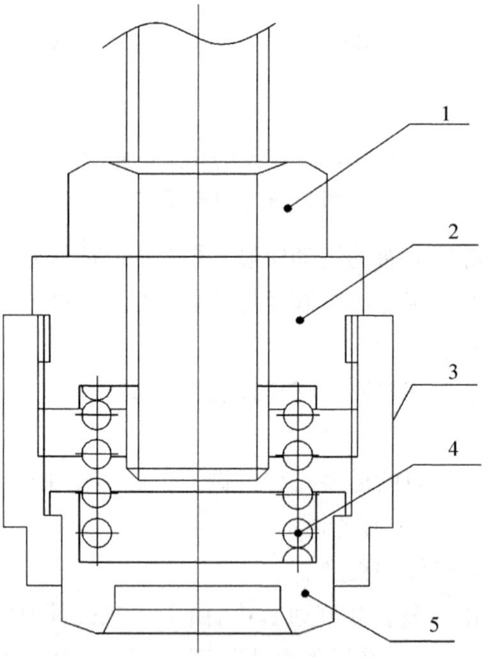

1. M12 螺帽；2. M27 螺母；3. 螺套；4. 弹簧；5. 压盖头。

图 6－63　压盖头

② 压盖头的更换。生产过程中，由于瓶口不同，胶塞及铝盖尺寸相应地也有所不同，这样就需要安装一个适合生产的压盖头。其更换方式如下：拧松 M12 螺帽，逆时针旋转 M27 螺母，将压盖头与设备脱离后，拧松 M27 螺母与螺套，使其分离，取下弹簧，拿下压盖头，更换适合生产的压盖头规格件，按与拆卸相反的顺序进行安装。

(3) 轧刀的调整与更换。

① 小轧刀(图 6-64)的调整。生产过程中，当用户需要更换瓶子规格时，就必须调整小轧刀的高度与小轧刀的进刀量，以适应生产的需要。其调整方式如下：拧松调整螺丝，向上或向下调整轧刀座至适当位置后，拧紧调整螺丝。

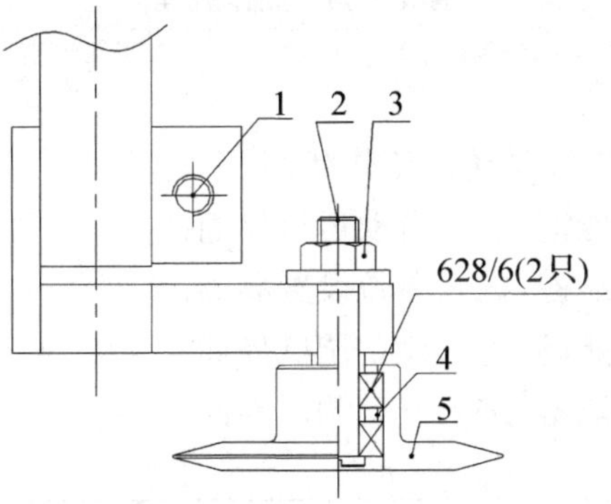

1. 调整螺丝；2. 轧刀小轴；3. 固定螺帽；4. 轴套；5. 轧刀。

图 6-64　小轧刀

② 小轧刀的更换。由于小轧刀长时间处于运转状态，受小轧刀的使用寿命限制，必要时需更换小轧刀。其更换方式如下：拧下固定螺帽，将轧刀部分与轧刀座分离，轻敲轧刀小轴，依次卸下轧刀、轴套及小轴承，按与拆卸相反的顺序依次安装。

3. 轧盖机构的常见故障及排除方法

轧盖机构的常见故障及排除方法如表 6-19 所示。

表 6-19　轧盖机构的常见故障及排除方法

常见故障	原因分析	排除方法
松盖	小轧刀进刀太小	调节小轧刀的进刀量
	上压头压盖不紧	调整至适当位置
轧盖成品出现波纹或皱皮	小轧刀位置不正	调整小轧刀
	轧刀小轴轴承损坏	更换轧刀小轴轴承
	轧刀磨损严重	更换小轧刀

二、界面说明

1. 操作流程

ZG-KGL10A 型轧盖机的操作流程如图 6-65 所示。

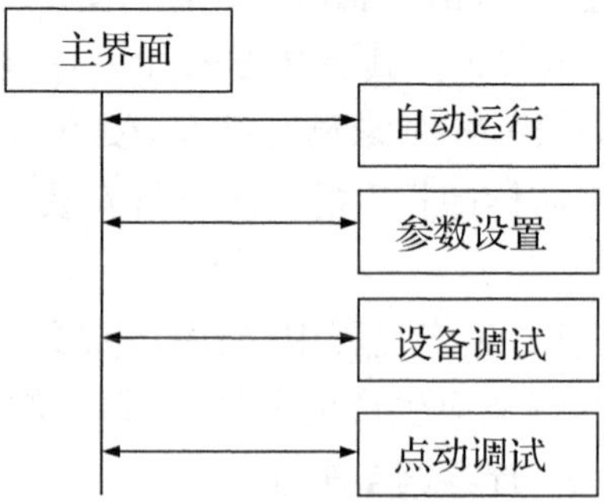

图 6－65　操作流程

2. 主界面

主界面(图 6－66)用于选择系统的工作状态。

(1) 触摸“自动运行”功能键,进入自动运行界面。

(2) 触摸“参数设置”功能键,进入参数设置界面。

(3) 触摸“设备调试”功能键,进入设备调试界面。

(4) 触摸“点动调试”功能键,进入点动调试界面。

图 6－66　主界面

3. 自动运行

在主界面中触摸“自动运行”功能键,进入自动运行界面(图 6－67),用于各电机、振荡器的控制和参数设定,并对系统运行状态进行监控。

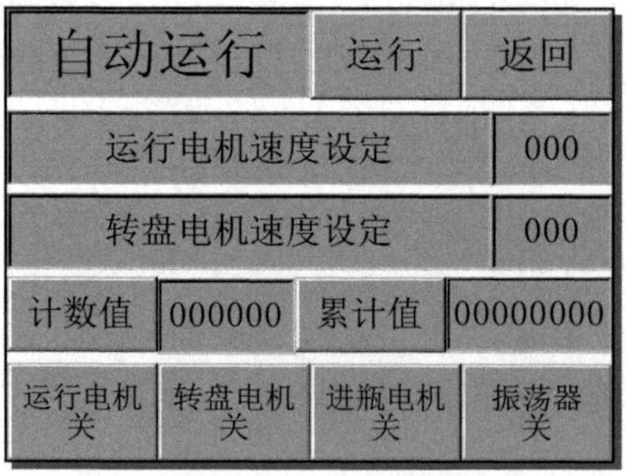

图 6－67　自动运行界面

(1) 运行电机速度设定:用于设定运行电机的转速。触摸其数值显示区,弹出小键盘,输入合适的数值后,按“回车”键即完成速度值的设定。

(2) 转盘电机速度设定:用于设定转盘电机的转速。设定方法与运行电机速度设定相同。

(3) 计数值显示区:记录本次计数的生产数量。触摸“计数值”按键,可对计数值清零。

(4) 累计值显示区:累计历次计数的生产数量。触摸“累计值”按键,可对计数值和累计值同时清零。

(5) 触摸“运行电机开/关”键,可控制运行电机运行或停止。

(6) 触摸“转盘电机开/关”键,可控制转盘电机运行或停止。

(7) 触摸“进瓶电机开/关”键,可控制进瓶电机运行或停止。

(8) 触摸“振荡器开/关”键,可控制振荡器开启或关闭。

(9) 触摸“运行/停止”键,控制系统自动运行或停止。

(10) 触摸“返回”功能键,系统返回到主界面。

4. 参数设置

在主界面中触摸“参数设置”功能键,进入参数设置界面(图 6-68),用于设置系统参数。

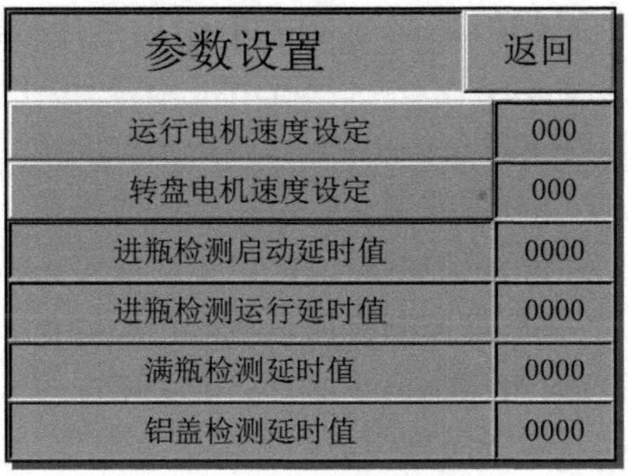

图 6-68 参数设置界面

(1) 运行电机速度设定:用于设定运行电机的转速。

(2) 转盘电机速度设定:用于设定转盘电机的转速。

(3) 进瓶检测启动延时值:运行电机从停止状态到正常运转状态的时间值,运行电机进入正常运转状态后,此值无效。

(4) 进瓶检测运行延时值:运行电机正常运行时判定是否出现“缺瓶”的时间值。当两瓶顺序通过检测传感器的时间小于该值时,系统判定没有缺瓶;反之有缺瓶。

(5) 满瓶检测延时值:判定是否出现“满瓶”的时间值。当瓶子顺序通过检测传感器的时间小于该值时,系统判定出瓶处正常;反之出瓶处瓶子过多。

(6) 铝盖检测延时值:判定是否出现“铝盖检测故障”的时间值。当两铝盖顺序通过检测传感器的时间小于该值时,系统判定铝盖检测正常;反之出现“铝盖检测故障”。

参数设置方法:触摸相应的数值显示区,弹出小键盘,输入合适的数值后,按“回车”键即完成设置。

(7) 触摸“返回”功能键,系统返回到主界面。

5. 设备调试

在主界面中触摸“设备调试”功能键，进入设备调试界面（图 6－69），用于电机、振荡器、传感器的调试。

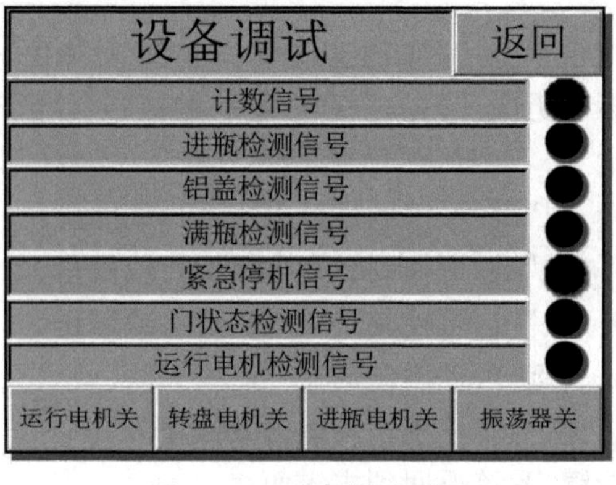

图 6－69　设备调试界面

（1）传感器测试：系统共使用 6 个传感器，它们分别为计数信号传感器、进瓶检测信号传感器、铝盖检测信号传感器、满瓶检测信号传感器、门状态检测信号传感器、运行电机检测信号传感器。调整传感器的位置时，观察对应的指示灯，当传感器检测到有效信号时，该指示灯变亮。

（2）紧急停机信号调试：按下紧急停机开关，该指示灯应亮。

（4）触摸“运行电机开/关”键，可控制运行电机运行或停止。

（5）触摸“转盘电机开/关”键，可控制转盘电机运行或停止。

（6）触摸“进瓶电机开/关”键，可控制进瓶电机运行或停止。

（7）触摸“振荡器开/关”键，可控制振荡器开启或关闭。

（8）触摸“返回”功能键，系统返回到主界面。

6. 点动调试

在主界面中触摸“点动调试”功能键，进入点动调试界面（图 6－70），用于在手动条件下对各电机进行调试。

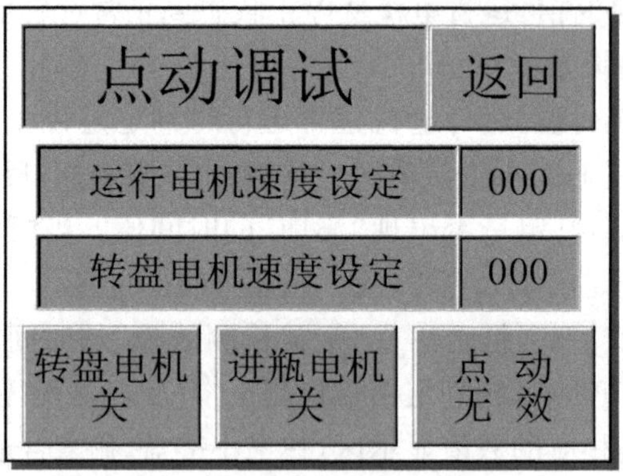

图 6－70　点动调试界面

（1）运行电机速度设定：用于设定运行电机的转速。触摸其数值显示区，弹出小键盘，输入合适的数值后，按“回车”键即完成速度值的设定。

(2) 转盘电机速度设定：用于设定转盘电机的转速。设定方法与运行电机速度设定相同。

(5) 触摸“转盘电机开/关”键，可控制转盘电机运行或停止。

(6) 触摸“进瓶电机开/关”键，可控制进瓶电机运行或停止。

(7) 触摸“点动有效/无效”键，转换点动调试状态。“点动有效”时，可对转盘电机、进瓶电机进行操作；“点动无效”时，不能对转盘电机、进瓶电机进行操作。

(8) 触摸“返回”功能键，系统返回到主界面。

7. 故障说明

自动运行状态系统具有自动报警功能。当系统出现故障时，系统将停止运行并弹出报警窗口，排除故障后系统恢复自动运行。

(1) 当按下紧急停机开关时，系统弹出紧急停机故障！报警窗口(图 6－71)，指示灯亮；复位紧急停机开关后，指示灯灭。触摸“继续运行”功能键，报警窗口消失，系统恢复自动运行。

图 6－71　紧急停机故障报警窗口

(2) 当系统出现入口缺瓶、缺铝盖、前门或后门已开、运行电机故障、出口满瓶故障等情况时，系统弹出相应的故障报警窗口(图 6－72)，指示灯亮；当排除故障后，指示灯灭。触摸“继续运行”功能键，报警窗口消失，系统恢复自动运行。

(a)

(b)

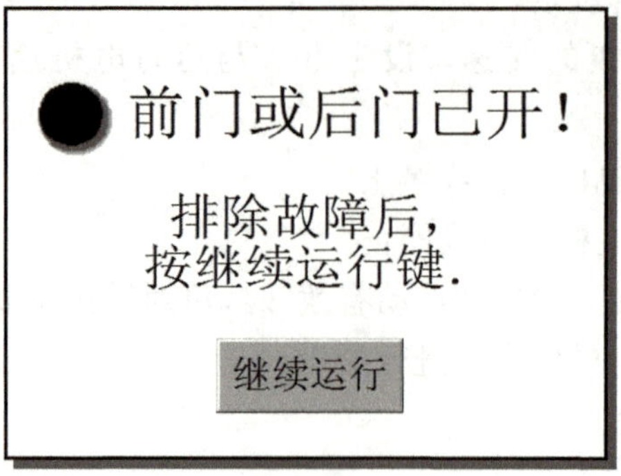

(c)

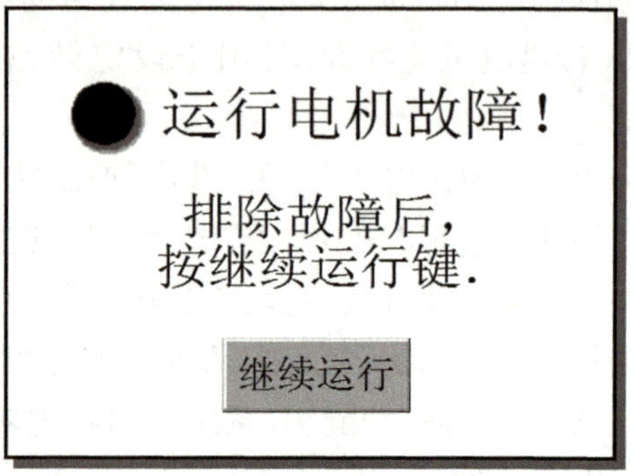

(d)

图 6－72　各种故障报警窗口

三、使用与操作

1. 操作前准备

(1) 检查机器上是否有玻璃碴、工具等异物，发现后及时清扫。

(2) 检查各传动机构齿轮的配合情况，并加油润滑。

(3) 检查所有固定螺丝，若发现松动，请及时拧紧。

(4) 检查输送链板运行是否正常。

(5) 检查轧刀的刀口光滑度，若发现缺损，及时更换。

(6) 检查电气连接线是否良好。

(7) 检查各部件弹簧是否折断，若发现有折断，及时更换。

(8) 盘动手轮检查控瓶盘规格与生产瓶规格是否一致。

(9) 检查瓶位情况，包括下盖是否合适、轧刀的轧盖位置是否合适，以及机器是否存在卡滞现象，确保各部分处于正常状态。

2. 开机操作

(1) 连接轧盖机电源。

(2) 按照变频器使用说明书的操作方法，设定所需的频率，使机器有一个合适的运行速度。

(3) 旋动振荡调节旋钮，调整好理盖速度，使铝盖充满轧道。

(4) 开启所配备的理瓶转盘，并开启输送链板电机。

(5) 按下轧盖按钮，使轧盖头工作。

(6) 按下变频器的启动键，机器进入运行状态。

3. 停机操作

(1) 可按变频器上的停止键，使机器暂时停车。遇有紧急情况须立即停车时，可按下电源按钮，整机电源将被全部切断。

(2) 关闭理瓶转盘，停止瓶的输送。

(3) 待瓶轧盖完毕后，关闭轧盖头的轧盖按钮，使轧头停止旋转。

(4) 按下电源按钮，切断总电源。

(5) 用不起毛的软毛布擦拭机器外部的污迹，保持设备清洁。

四、维护与保养

（一）维修保养间隔期

维修保养分为小修、大修和保养，维修保养间隔期见表6-20。

表6-20　维修保养间隔期

类别	小修	大修	保养
间隔期	240 h	4 750～5 000 h	日常

在维修保养间隔期内，依据状态监测发现的问题，及时进行针对性处理。根据检修内容确定此次检修类别，并据此确定下次检修间隔期。

（二）检修内容

1. 小修

(1) 检查各转动部位的润滑情况，并紧固各部位螺栓。

(2) 调整振荡器支承弹簧，确保铝盖轨道与接落盖轨道接头位置对齐。

(3) 调整小轧刀的进刀量及小轧刀的高低位置，确保其工作正常。

(4) 调整上压头的高低位置，使其符合工艺要求。

(5) 针对出现的故障进行排除。

2. 大修

(1) 包含小修内容。

(2) 清洗并检修进瓶链板、控瓶盘、传动机构及齿轮，检查齿轮磨损情况。

(3) 清洗并检修轧盖机头、轧刀部件及轧盖机头内的传动轴承等部件。

(4) 清洗并检修振荡理盖机构及下盖轨道等部件。

(5) 清洗并检修减速机。

（三）检修前的准备

1. 技术准备

(1) 准备产品说明书、图样、技术标准等资料。

(2) 了解轧盖机故障发生部位、次数及设备运转精度等技术状况。

(3) 对轧盖压紧力和轧盖合格率进行实测，并做好记录。

(4) 制订检修方案。

2. 物资准备

(1) 更换的备件和检修用材料。

(2) 拆装工具及检测器具。

3. 安全技术准备

(1) 应将更换件、检修工具、仪器等物品及材料进行消毒处理，然后带入设备所在现场。

(2) 清除设备上及现场的碎玻璃瓶及其他异物。

(3) 切断电源，并悬挂“禁止开启”警示牌。

(4) 检修人员进入生产现场必须穿无菌工作服，并符合无菌要求。

（四）检修方法

1. 拆卸

（1）进出瓶机构。

① 拆卸进出瓶用控瓶盘、输送链板和轨道。

② 拆卸防护板、传动轴、齿轮等。

（2）轧盖机头。

① 拆卸轧盖机头部分传动链、进刀凸轮。

② 拆卸轧盖机头部分的上压头、下压头及相关零件。

③ 拆卸轧盖机头的主立轴。

（3）振荡理盖机构。

① 拆卸振荡器的振荡斗。

② 拆卸振荡器连接弹簧和调换下垫缓冲垫块。振荡器上塞量如达不到要求，应检查弹簧是否松动，然后调整静动磁铁之间的间隙达到一定的振荡力，满足供塞要求。

③ 拆卸下盖轨道，包括轨道的接口及落盖头小部件。

④ 拆卸减速机。

2. 装配

装配应按照与拆卸相反的程序进行。

（1）轴承装配。

含油轴承安装时，使用标准轴作为内孔压模，以保证外径与座孔的配合过盈量在 0.02～0.035 mm 之间。各滚动轴承在安装时，孔与轴的配合应为过渡配合，以保证装配后轴不发生弯曲变形。

（2）轧盖机头。

安装轧盖机头上的传动部件后，确保轴承运转时无异常杂音。

（3）等分控瓶盘。

安装等分控瓶盘及瓶托盘后，使用秒表检查端面跳动量。如果超出允许范围，应进行检查和调整。

（4）振荡理盖机及轨道。

安装振荡理盖机及轨道后，应检查落盖是否自然、能否有效定向、有无反向盖出现，以及轨道出盖处的卡钳是否能有效释放铝盖。

（五）检修质量标准

（1）各含油轴承安装后，应保证与轴的配合间隙为 0.015～0.025 mm。

（2）各滚动轴承安装后，应保证各轴的径向跳动量不大于 0.03 mm。

（3）各传动齿轮的传动精度应达到 8 级。

（4）等分控瓶盘的端面跳动量不大于 0.5 mm。

（5）轧盖机头的内槽凸轮与运动轴承相配合的接触面积不低于 85%。

（6）轧刀座装配调整好后，所轧出的铝盖成品应确保无波纹，成品应确保三指拧动时无松动现象。

（7）振荡理盖机与轨道装配后，应能畅通落盖，卡钳应确保每次只释放一只盖。

（六）试车与验收

1. 试车前的准备

(1) 各传动部位的运转应灵活。

(2) 各润滑点应加注润滑油。

(3) 各部位的动作应协调且准确。

2. 试车

(1) 空载试车。

① 空载试车时间不少于 4 h。

② 各传动部位运转应正常，无异常杂音。

(2) 负载试车。

① 工艺调整、负载试车时间为 48 h。

② 设备生产能力符合设计要求。

③ 整机噪声不超过 70 dB(A)。

④ 轧盖后轧盖的压力能确保三指拧盖，无转动现象。

⑤ 轧盖合格率不低于 99%。

3. 验收

检修达到质量标准，试车符合要求，检修及试车记录齐全准确，可办理验收手续。

（七）保养

(1) 每天对设备进行巡回检查，并做好运转记录。

(2) 开机前及运转中，按规定对各润滑点进行润滑。

(3) 设备运行正常，即使没有发生任何故障，运行一定时间后也应当进行检修。故障不仅与零部件的使用寿命和内在质量有关，还与使用方法是否正确以及日常保养密切相关。许多故障都是由于使用不当、操作失误以及忽视日常保养和定期检修而引发的。

进度考核评定

◇进度考核题目

一、简答题

1. 简述 ZG－KGL10A 型轧盖机的组成。
2. 简述 ZG－KGL10A 型轧盖机的操作过程。
3. 简述 ZG－KGL10A 型轧盖机的维护维修过程。

二、实际操作题

操作并维护维修 ZG－KGL10A 型轧盖机。

◇进度考核评定标准

进度考核评定标准见表 6－21。

表 6－21　进度考核评定标准

编号	考核内容	分值	得分
1	熟悉 ZG－KGL10A 型轧盖机结构和工作过程	30	
2	能正确操作 ZG－KGL10A 型轧盖机	35	
3	能正确维护维修 ZG－KGL10A 型轧盖机	25	
4	保证安全和场地整洁	10	
合　计		100	

项目七　全自动眼药水双针灌装机

学习目标

1. 能按要求操作 YGX 型全自动眼药水双针灌装机。
2. 能按要求维护维修 YGX 型全自动眼药水双针灌装机。

所需设备和工具

所需设备和工具见表 7-1。

表 7-1　所需设备和工具

名称	规格	单位	数量
全自动眼药水双针灌装机	YGX 型	台	1
维护维修工具箱		个	1

一、设备结构及原理

（一）设备结构

YGX 型全自动眼药水双针灌装机由机械传动系统、灌液机构、下内塞机构、套盖机构、旋盖头机构、出瓶机构等部分组成。

（二）工作原理

（1）机械传动系统：主要由一台 0.75 kW 电机组成，其通过三角带轮、齿轮传动减速后将动力传递给各运动部件。

（2）灌液机构：由微机控制系统、步进电机、蠕动泵及灌注头组成。微机控制系统通过设定的参数控制步进电机的步数和转速来获得所需的装量，从而达到精确灌装的目的。灌装过程设有缓冲无飞溅机制，在灌注针管插入瓶内后能边灌注边提升，因此无冲击反射，使药液不产生泡沫飞溅，从而达到瓶外干净又无滴漏的效果。

（3）下内塞机构：由振荡器将塑料内塞理顺后送入轨道至下塞口，由气缸推杆适时地将塑料内塞推入瓶口中，转入下一工位。

（4）套盖机构：由振荡器将瓶盖理顺后送入轨道至落盖工位，此时有 2 个气缸通过光电指令将盖打入已有内塞的瓶子上转入下一工位。

（5）旋盖头机构：设备解决了扭力过大而扭伤、拉毛瓶盖的缺陷，在旋盖机构中设置打滑、过载保护措施，可调整压缩弹簧压力大小来实现旋盖的松紧度，即顺时针旋转圆螺母弹簧压力变大，逆时针旋转圆螺母弹簧压力变小，扭矩亦减小，调至合适的旋盖松紧度再锁紧圆螺母。圆螺母上设有锁紧槽，槽侧通过旋紧的锁紧螺钉，可将圆螺母固定在所需位置。

（6）出瓶机构：由机械手拨瓶，将已完成拧盖的瓶子拨入出瓶轨道上输至收瓶盘或接联线。

二、设备操作

YGX 型全自动眼药水双针灌装机有两种工作方式：自动运行（正常工作方式）和手动运行。自动运行方式下设备自动地根据各路检测信号开关状态精确控制输出；而手动运行方式是为预先调整蠕动泵的灌装量及灌装速度而设。

（一）开机画面

开机画面如图 7－1 所示，按右下角的“进入系统”按钮可进入生产状态。

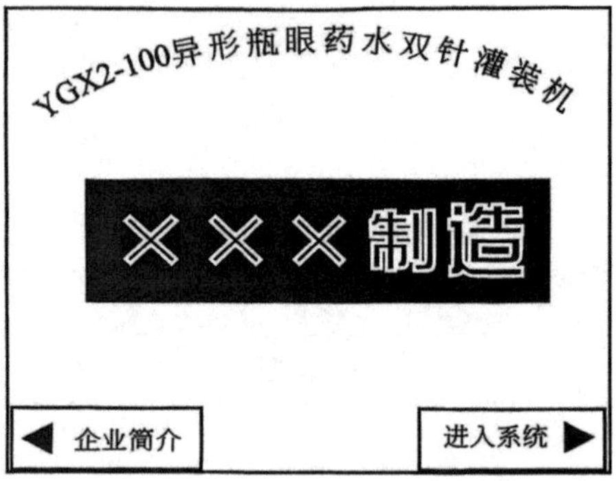

图 7－1　开机画面

（二）主控制画面

主控制画面（图 7－2）为各功能区画面切换的中枢。上方是日期、时间等信息显示，中间设有通往各功能区画面的切换按钮。

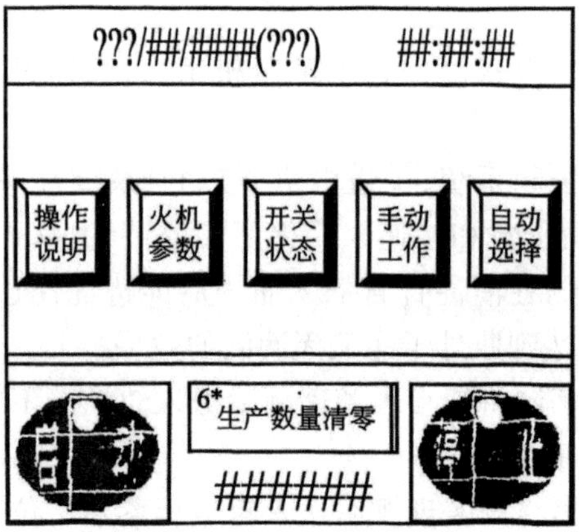

图 7－2　主控制画面

启动：“自动选择”画面中选中的所有动作开始输出，机器从进瓶到输出成品全自动运行。

停止：相当于按下“急停开关”，所有动作停止输出，所有状态都被消除。

生产数量：显示在自动工作启动后系统自动计数的生产量（无外盖不计入）。该功能具有停电保持功能，如需重新计数则按“生产数量清零”按钮。

（三）手动工作方式

启用手动工作方式前必须先按“确认启用手动功能”按钮（右边的圆形指示灯亮起），否则其他按钮将无效，然后须设定灌装电机（灌装蠕动泵）的工作参数（图 7－3）。“灌装步数”与实际药水的灌装量成正比，一旦确定每瓶的灌装量，该数值即为固定值。“回转步数”用于防止灌装头抽出时滴液，通常设置为一个小角度的旋转步数。“运行频率”用于设定灌装电机的运行速度，频率越高，运行速度越快。设定“运行频率”时需注意：频率过高会导致灌装精度下降，且硅胶管易磨损；频率过低可能导致自动运行时灌装不及时。

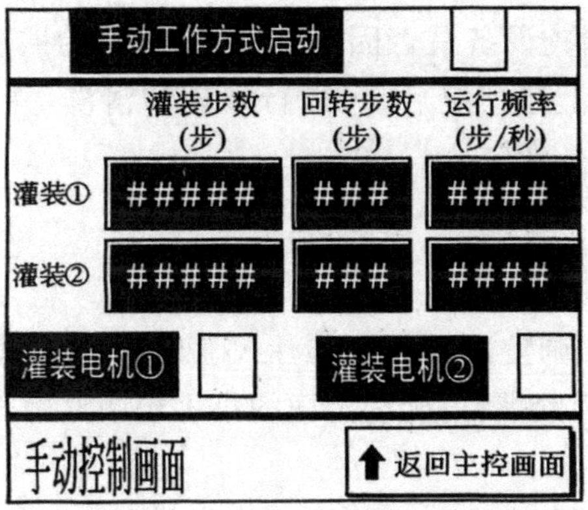

图 7－3　手动工作方式画面

设定范围：灌装步数为 50～20 000 步，回转步数为 0～300 步，灌装频率为 500～9 999 Hz（步/秒）。如果设定值超出上述范围，人机界面将不响应。设定完成后，每按一次“灌装电机①”或“灌装电机②”按钮，即可完成一次灌装操作，右边的指示灯将显示工作状态。

（四）自动工作方式

自动状态选择画面（图 7－4）主要配合主控画面中的“启动”按钮使用。只有当自动状态选择画面中的功能动作被启用后，启动时才会有实际输出。按一次相应按钮即可启用功能，再按一次则停用，右边的指示灯会指示功能是否已启用（该功能具有停电保持功能）。

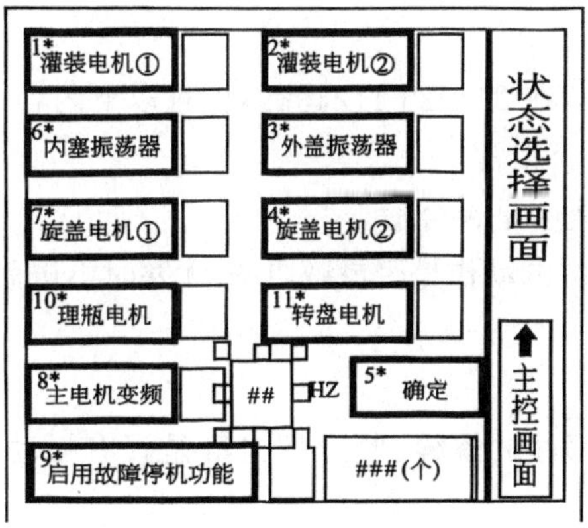

图 7－4　自动状态选择画面

在“主电机变频”下方的数字输入区，可以输入主传动电机的运行频率，单位为 Hz，设定范围为 10～50 Hz。“频率确认”按钮用于在主电机运行过程中修改数据后，立即改变电机转速。

故障停机功能：当任意一个轨道的瓶子出现连续不灌装时，可自动停机。此功能只在启用后才生效。连续到达的个数可通过数据输入区设定，范围为 1～500 个。

三、检查、调整和试车

（一）设备安装后的检查

设备安装结束后，应检查设备是否因吊装、运输途中的振动而受损，以及各部分螺栓是否松动。经检查确认无上述情况后，可进行清理和清洗，并对各部位加注润滑油和润滑脂。

（二）设备的调整

1. 旋盖头的调整

（1）旋盖头上下位置的调整：当瓶子已套上外盖时，调整旋盖头楔入的深度。可松开旋盖头横梁与立柱接合部的锁紧螺钉，旋动上面的小手轮调整旋盖头的上下位置。调整合适后，重新紧固锁紧螺钉。

（2）旋盖头对瓶盖楔紧力的调整：观察旋盖的松紧度，若楔紧力不足，可调整相关的升降轴及偏心凸轮的偏心距，使旋盖头向下移动。但楔紧力不能过大，否则会旋伤瓶盖外表面。调整后，开机试旋，确保瓶盖达到合适的松紧度。

2. 其他部件的调整

设备设有手轮，摇动手轮时按逆时针方向转动主轴，观察尼龙进瓶盘、灌液装置、旋盖头的升降是否灵活，有无卡滞或错位等不协调现象。如有异常，应予以调整，确认无异常后方可开机。

（三）设备的可移动性及调整

为适应设备的可移动性及维修方便，设备配有 6 个可调机脚，用于调整水平和升高/降低，以便调整到与其他设备在同一高度。

（四）开机前的检查

开机时，先将变频器设置在 20～25 Hz 运行，检查以下内容：

（1）无瓶不灌液效应是否正常。

（2）振荡器送塞、送盖速度是否合适。

（3）递塞气缸及送盖气缸的动作是否灵敏协调，无塞时不送盖的气动控制元件是否正常。

四、设备维护和保养

（1）开机前，检查运动部件的螺栓、紧定螺钉等是否有松动，位置是否有偏移。确认一切正常后，方可启动设备。

（2）设备应保持清洁，台面上不允许有油污或遗留的工具杂物。

（3）灌注机构的蠕动泵管及针管使用前必须进行清洗，清洗过程应符合 GMP 要求。

(4) 每次停机后,应切断电源并进行清理和擦洗工作。清洗时必须使用软布擦洗,不得用水直接冲淋。

(5) 建立设备档案,定期进行保养和检修。一般每周进行一次检查,每月进行一次小修,每年进行一次大修。

进度考核评定

◇进度考核题目

一、简答题

1. 简述 YGX 型全自动眼药水双针灌装机的组成。
2. 简述 YGX 型全自动眼药水双针灌装机的操作过程。

二、实际操作题

操作并维护维修 YGX 型全自动眼药水双针灌装机。

◇进度考核评定标准

进度考核评定标准见表 7-2。

表 7-2　进度考核评定标准

编号	考核内容	分值	得分
1	认识 YGX 型全自动眼药水双针灌装机的结构,熟悉工作过程	30	
2	能正确操作 YGX 型全自动眼药水双针灌装机	35	
3	能正确维护维修 YGX 型全自动眼药水双针灌装机	25	
4	保证安全和场地整洁	10	
合　计		100	

项目八 口服液设备

任务一 四泵灌装旋盖机

学习目标

1. 能按要求操作 SZGX－50 型四泵灌装旋盖机。
2. 能按要求维护维修 SZGX－50 型四泵灌装旋盖机。

所需设备和工具

所需设备和工具见表 8－1。

表 8－1 所需设备和工具

名称	规格	单位	数量
四泵灌装旋盖机	SZGX－50 型	台	1
维护维修工具箱		个	1

一、设备概述

SZGX－50 型四泵灌装旋盖机通过主传动机构对整机系统进行控制，并与配套的理瓶机协同工作。理瓶机将瓶子理顺后输送至传送带，瓶子随后进入进瓶尼龙盘的第一工位进行灌装。灌装量由 4 个陶瓷活塞泵精确控制，通过调节活塞泵的驱动偏心距，可实现所需装量的调整，调节过程方便且稳定。

当瓶子进入第二工位（套盖工位）时，电磁振荡输盖装置会将瓶盖准确地套在瓶口上，随后瓶子转入旋盖工位。旋盖的松紧度也可以根据需要进行调节，确保旋盖效果符合要求。

二、主要组成

SZGX－50 型四泵灌装旋盖机由输瓶传送带、进瓶机构、活塞泵组、灌装机构、电磁振荡输盖装置、套盖机构、可调旋盖机构、主传动系统、离合器装置和电控系统组成。主要组成部分介绍如下。

（一）输瓶传送带

传送带前配备理瓶机，理瓶机将瓶子理顺后送至传送带。瓶子的行进由尼龙拨瓶盘定位控制，依次到达各工位。当瓶子进入第一工位（灌装工位）时，开始进行灌装操作。

（二）灌装机构

灌装头由凸轮操纵，针管插入瓶内进行灌装，灌注过程中边灌边提升，确保液体无冲击飞溅，瓶外无滴漏。陶瓷活塞泵具有精确、耐磨的特点，调节方便。完成灌装后，瓶子转入下一工位（套盖、旋盖工位）。

（三）电磁振荡输盖装置与套盖机构

瓶盖通过电磁振荡输盖装置输送，已灌注好液料的瓶子经过套盖机构自动上盖，随后进行旋盖操作。

（四）可调旋盖机构

设备设有可调旋盖机构，可根据需要调整旋盖的松紧度。可调旋盖机构为单头旋盖，其升降动作由凸轮操纵（一般在出厂时已调整至正确位置，通常无须再进行调整）。旋盖完成后，瓶子由尼龙拨瓶盘回转送上传送带，可直接输送到生产线上或收集盘上。

（五）离合器装置

机器正常运行时，灌装机构连续进行灌装，而其他机构也同步运行。离合器采用单向齿结合方式，由电磁开关操纵，且在正常运行时处于常闭合状态。当灌装工位上无瓶时，探头会迅速发出信号给电磁开关，使离合器脱开，灌装泵随即停止工作，从而避免液料浪费和台面污染。此时，机器的其他机构仍正常运行，确保已灌装液料的瓶子经旋盖后全部由转盘输出，不会遗留任何瓶子。当工位上再次有瓶时，离合器立即复位，灌装泵恢复工作，机器继续连续运行。

三、设备安装

为适应设备的可移动性及维修方便，设备上设有 6 个可调机脚，用于调整水平和升高/降低，确保设备与其他设备高度一致。

设备安装结束后，应首先检查设备是否因吊装或运输途中的震动而受损，以及各部位螺栓是否有松动。经检查确认无上述情况后，可进行清理、擦洗，并对各部位重新加注一次润滑油和润滑脂。

接通电源时，应确保符合本机设置的电压（220 V）。操作点动按钮，对机器进行点动运转，检查是否有卡阻现象。确认无异常后，方可开机空运行数分钟。

四、设备操作

（一）操作电控箱

按以下步骤操作电控箱（图 8－1）。

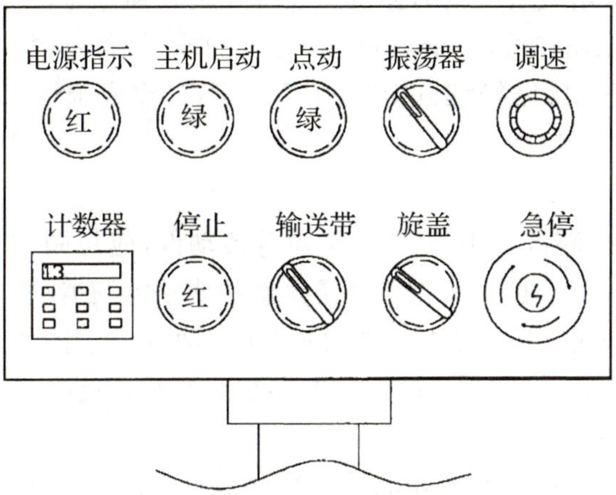

图 8－1　电控箱

（1）打开总电源开关(急停)。

（2）打开传送带按钮。

（3）打开旋盖按钮。

（4）打开振荡器按钮,并调整供盖速度(调速旋钮顺时针方向为加速)。

（5）启动主机。

（二）进瓶方式

设备提供两种进瓶方式：

（1）人工供瓶:传送带上设有进瓶方盘,可手动放置瓶子。

（2）转盘供瓶:另设转盘组,实现自动供瓶。

（三）灌装操作

瓶子到达灌装工位后,将自动进行灌装。灌装量已在出厂前调整好,但设备到达需方后,可根据药液比重重新调整装量。

五、设备的调整

（一）装量的调整

灌装量的多少取决于活塞泵的工作行程大小。活塞行程大,装量也大;反之则小(一般在出厂时已调整至额定装量,无须再调)。如需调节活塞行程,必须先松开六角螺母,同时松开调节螺钉上的 M8 螺母,然后扭转调节螺钉。左旋使偏心距增大,行程增大(装量增加);右旋使偏心距减小,行程减小(装量减小)。调节到所需精度后,锁紧 M8 螺母及六角螺母,完成调节全过程。

（二）灌装针管高度的调整

灌装针管高度一般在出厂时已调整并锁紧,建议不要随意变动。

（三）旋盖机构的调整

旋盖机构的调整步骤如下：

（1）先松开调节圆螺母上的 M4 防松螺钉。

（2）旋转圆螺母,压紧或松开压缩弹簧。顺时针旋紧圆螺母,压紧钢球,增加旋紧度;逆时针旋松圆螺母,放松压缩弹簧,使钢球受力减小而打滑(旋得不紧)。

（3）调整完成后,将 M4 防松螺钉旋紧,锁紧圆螺母,完成调整。

六、设备的保养

（1）对设备传动各运转部分中的齿轮、链轮等传动件,应每周加一次钙基润滑脂。经常检查蜗轮减速机机油平面高度,并根据需要更换新油或添加润滑油。

（2）直线轴承、导杆衬套应每班加一次 20 号机用油,每次用量少许。

（3）圆柱凸轮槽内和齿轮副应每周加一次钙基润滑脂,以保证机器有足够的润滑,运行平稳,从而延长机器寿命。

（4）离合装置由电磁开关(吸铁开关)、花键轴、单向齿、离合器拨叉、拉伸弹簧等组成。电磁开关应保持干净,无油污和杂质;花键轴上每周加少许机油,以保持离合灵活;拨叉位置应定时加少量二硫化钼，确保有足够的润滑。当操纵失灵时，应检查牵引钢丝绳是否磨损或断开，并及时予以更换。

进度考核评定

◇ 进度考核题目

一、简答题

1. 简述 SZGX－50 型四泵灌装旋盖机的组成。
2. 简述 SZGX－50 型四泵灌装旋盖机的操作过程。

二、实际操作题

操作 SZGX－50 型四泵灌装旋盖机，并维护调整 SZGX－50 型四泵灌装旋盖机。

◇ 进度考核评定标准

进度考核评定标准见表 8－2。

表 8－2　进度考核评定标准

编号	考核内容	分值	得分
1	认识 SZGX－50 型四泵灌装旋盖机的结构，熟悉工作过程	30	
2	能正确操作 SZGX－50 型四泵灌装旋盖机	35	
3	能正确维护维修 SZGX－50 型四泵灌装旋盖机	25	
4	保证安全和场地整洁	10	
合计		100	

任务二 塑料安瓶灌封包装机

学习目标

1. 能按要求操作 PFS－Ⅱ型塑料安瓶灌封包装机。
2. 能按要求维护维修 PFS－Ⅱ型塑料安瓶灌封包装机。

所需设备和工具

所需设备和工具见表 8－3。

表 8－3 所需设备和工具

名称	规格	单位	数量
塑料安瓶灌封包装机	PFS－Ⅱ型	台	1
维护维修工具箱		个	1

一、设备概述

PFS－Ⅱ型塑料安瓶灌封包装机是全自动制瓶、灌封一次完成的包装机械，其主要特点如下：

（1）程序控制、变频调速、技术先进、操作方便。

（2）通过更换模具，可以制成形状及规格不同的各种容器小瓶，更换模具简便易行。

（3）使用不同的物料充填机，可以实现对流体及半流体物料的灌封包装。

（4）电子灌装泵及机械灌装泵均可选择，操作简易，装量可调。

二、工作原理

该设备主要由以下机构及装置组成：机体、传动系统、供片装置、夹持送片机构、成型装置、冲裁装置、输导装置、板块传送机构、灌装泵、液体箱、横向机械手、尾边加热装置、尾边封合装置、打批号装置、切尾边机构、分切装置、成品转送机构、小皮带输送机、大皮带输送机、气控系统、水冷却系统等。

（一）机体

机体是该设备的基础，用于连接、安装和支撑机器的各个部件。机体主要由大板、上盖板、底板、墙板及枕轨组成，枕轨下有 8 个可调脚座，可以调整机器的高度及水平位置，使设备处于良好的工作状态。

（二）传动系统

传动系统（图 8－2）主要包括皮带传动、链传动、齿轮传动、齿形带传动、凸轮机构等。垂直主轴与水平主轴是传动系统的主体：垂直主轴上装有 3 个凸轮组（加热封合凸轮组、成型凸轮组、冲裁凸轮组）和一个端面凸轮（送片凸轮）。水平主轴上装有一个凸轮组（分切凸轮组）、7 个外凸轮（从机器后端往前数分别是横向机械手凸轮、灌装凸轮、封Ⅰ凸轮、封Ⅱ凸轮、批号凸轮、大机械手凸轮、翻板送料凸轮）和 1 个内凸轮（尾切凸轮），传动系统还包括副传动轴、大小摇臂及连接架、杆等。

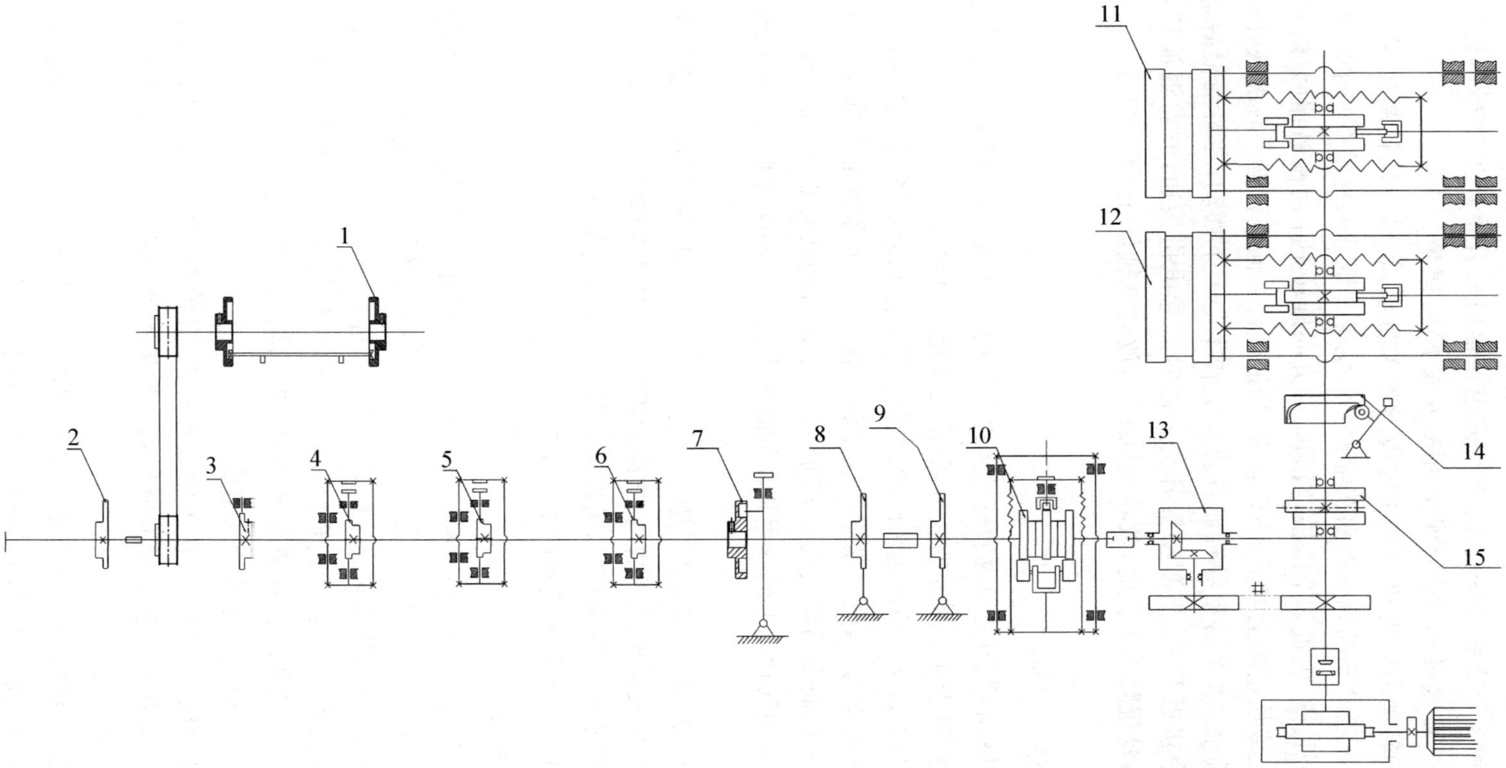

1. 灌装控制凸轮；2. 横向机械手凸轮机构；3. 灌装凸轮机构；4. 封Ⅰ凸轮机构；5. 封Ⅱ凸轮机构；
6. 批号凸轮机构；7. 尾切凸轮机构；8. 大机械手凸轮机构；9. 翻板送料凸轮机构；10. 分切凸轮机构
11. 加热封合凸轮机构；12. 预成型和成型凸轮机构；13. 螺旋伞齿换向机构；14. 夹持供片凸轮机构；15. 冲裁凸轮机构。

图 8-2 传动系统

（三）供片装置

供片装置的作用是输送 PVC(聚氯乙烯)膜带，供给成型装置。供片装置由 8 个固定导辊、2 个游动辊和 2 个放卷辊轴组成。8 个固定导辊用来引导 PVC 膜带的运行方向；2 个游动辊用来拉动 PVC 膜带；2 个放卷辊轴用来安放 PVC 膜带。

放卷辊轴的转动由电机减速机通过齿形带来带动，辊轴上的挡圈放在 PVC 膜带的内侧，应根据片料宽度的不同调整挡圈在辊轴上的位置。辊轴的外端有一个旋转把手，辊轴的筒臂上开有 3 个长槽，内置 3 个涨铁，当顺时针方向旋转把手时涨铁缩回，这时可以将 PVC 膜带装在辊筒上或从辊筒上取下 PVC 膜带；当逆时针方向旋转把手时涨铁伸出，将 PVC 膜带牢牢套在辊筒上。2 个游动导辊能各绕其旋转中心上下摆动，在游动辊活动区间的上位和下位各装一个接近开关，当游动辊升至上位时放卷电机接通，放卷辊轴开始转动，供给 PVC 膜带；当游动辊降至下位时，放卷电机断开，放卷辊轴停止，不再供片，如此循环不断供给 PVC 膜带。

（四）夹持送片机构

夹持送片机构的作用是为成型模具运送定长的 PVC 膜带。PVC 膜带的进给长度与模具的尺寸相对应，对于同一尺寸的模具，膜带是按定长进给的。

夹持送片机构(图 8－3)由送片凸轮、调整横梁、起升横梁、固定气缸、移动气缸等部件组成。在送片凸轮的驱动下，调整横梁绕固定轴心摆动，从而带动起升横梁上下移动。同时，曲柄绕轴心运动，进而带动连板机构运动。夹持供片机构共有 6 个气缸，其中一组为固定气缸，其余两组为移动气缸。上面一组移动气缸和下面一组移动气缸的移动距离一致，即为同步运动。

当模具的尺寸改变时，需要调整膜片的进给距离。此时，须通过调整螺丝来实现：逆时针调整时，进给距离增大；顺时针调整时，进给距离减小。具体操作时可参考调整横梁上的标牌。

当 PVC 膜带出现左右偏移时，可以通过移动导辊进行调整。旋转把手可以使导辊左右移动，从而使 PVC 膜带处于模具的中心位置。

（五）成型装置

成型装置由封合模具、预成型模具、成型模具、加热板、冷却板及通水横梁组成。每件加热板(共 4 件)内置 2 支 900 W 加热管，分别对封合模具及预成型模具进行加热。冷却板及通水横梁内通有冷却水，分别对成型模具及外部进行冷却。

夹持送片机构将 PVC 膜片送至封合模具。经过软化处理后，膜片被送至预成型模具继续加热，随后到达成型模具。在成型模具中，经过清洁的压缩空气将 PVC 膜片吹制成容器瓶型，同时通过冷却板进行迅速冷却定型。

封合模具及预成型模具的工作表面制有网格，并涂有耐高温、耐磨的防粘材料，从而避免 PVC 膜片黏附在模具表面。成型模具的三组模板的开模及合模动作由传动系统的加热及成型凸轮组驱动。

成型模具的三组模板在大板上的位置可以沿竖直方向进行调整(当使用不同尺寸的模板时需要进行这种调整)，调整时可参考大板上的指示牌。

成型模板的模腔可以根据用户要求制成各种形状及规格的小瓶。一台机器可以配置多种模具，从而获得不同形状及装量的容器小瓶。

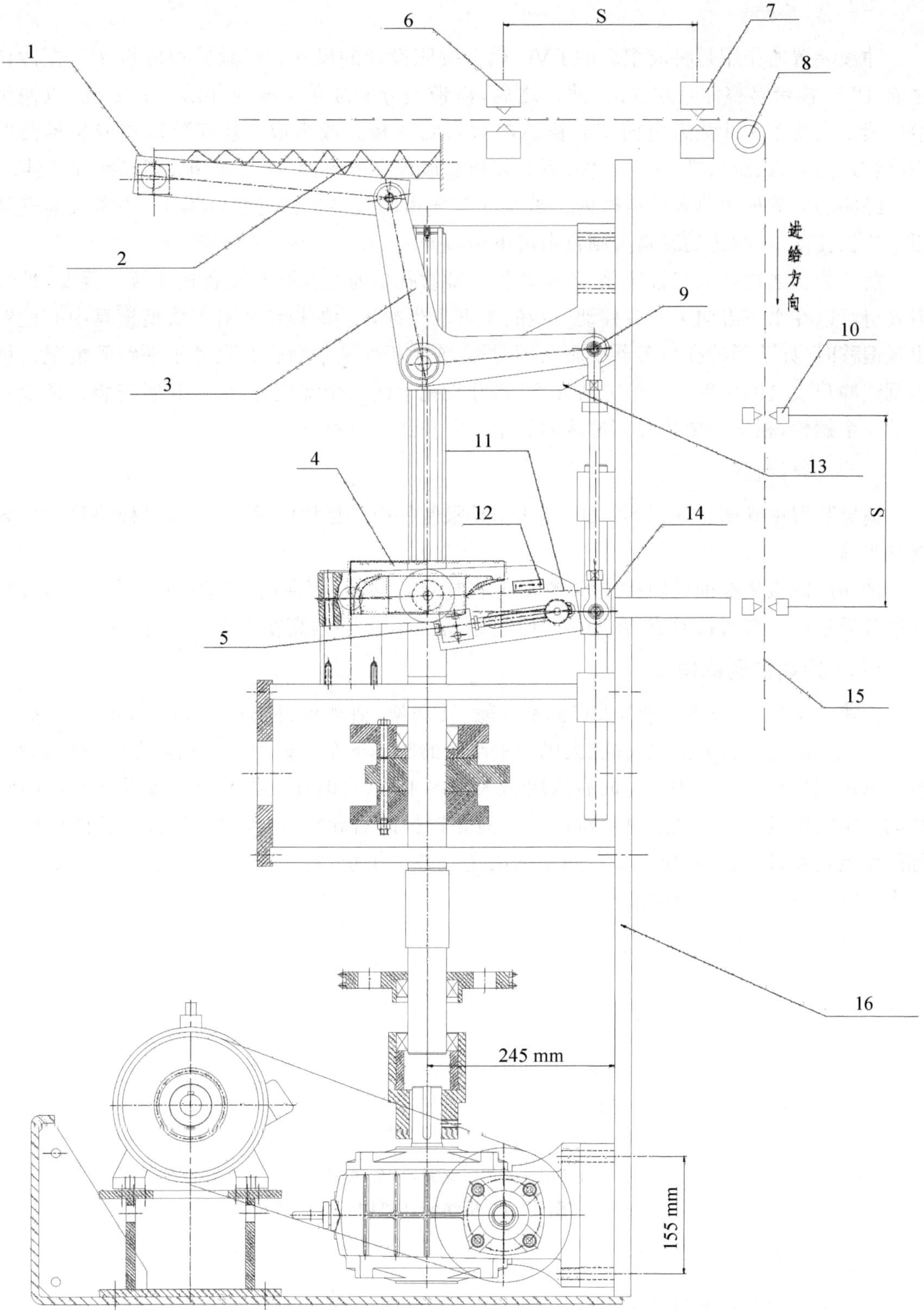

1. DSP. 5－52 连板机构；2. 压簧；3. DSP. 5－53 曲柄；4. 送片凸轮；5. 调整螺丝；6. 固定气缸；7. 移动气缸；8. 移动导辊机构；9. 鱼眼接头；10. 移动气缸；11. DSP. 5－17 调整横梁；12. 标牌；13. DSP. 4－27 支板；14. 起升横梁；15. PVC 膜片；16. DSP. 1－70 大板。

注：图中 S 表示上下两组移动气缸的移动距离一致。

图 8－3　夹持送片机构

（六）冲裁装置

冲裁装置的作用是将成型后的 PVC 模带按照设计的尺寸和形状冲切成板块。在冲切之前，PVC 模带是整体且连续的；冲切之后，模带被分割成单个板块并落入料槽内，以便供给后续工位使用。冲裁刀由前安装板总成和后安装板总成组成。前安装板总成包括凸凹模、横刀、前立刀、压料杆、座等部件；后安装板总成包括退料板、立刀、凹模、菱形冲等部件。

经冲切后的板块落入接料槽内。被吹起带气道的废料边被退料钉推出，并通过前安装板中的长孔落下；两边的废料边则自由落下。

前安装板通过长孔与轴连接，后安装板的螺纹孔也通过长孔与安装板连接。因此，冲裁刀具组可以在水平方向上左右移动一定的距离。当冲切后的板块相对于成型模具中心位置出现偏移时（如菱形冲孔与容器小瓶颈不对称，或者板块两端封合边尺寸不一致等情况），可以调整冲裁模具的位置。调整方法如下：松开长孔上的 2 个螺栓，然后松开后安装板螺纹孔上的 4 个螺栓，根据需要将整部冲裁刀具组合向左或向右移动。

（七）输导装置

输导装置由导槽和导杆等组成，其作用是限制并引导板块的移动方向，是板块移动的导轨和支撑。

冲切后的板块在前导轨中沿水平方向从左向右移动，而在后导轨中则从右向左移动。导槽和导杆由多根对接而成，在安装时应注意，后工位的导槽高度不应高于前工位。

（八）板块传送机构

板块传送机构（图 8－4）由大机械手凸轮、转动架、活动板、长轴及拨料爪等组成。拨料爪共 10 个，固定在长轴上，长轴在大机械手凸轮的驱动下左右移动。长轴由左向右移动时，拨料爪将板块在前导轨中从左向右依次送入到各工位；这时在气控系统的辅助下长轴绕轴转动一定的角度。当板块通过小机械手由前导轨拉向后导轨时，长轴在气控系统的作用下翻回原始角度，拨料爪将板块由右向左依次送入各个工位：每经过一个工位，长轴都要翻板一次，从而完成了一个工作循环。

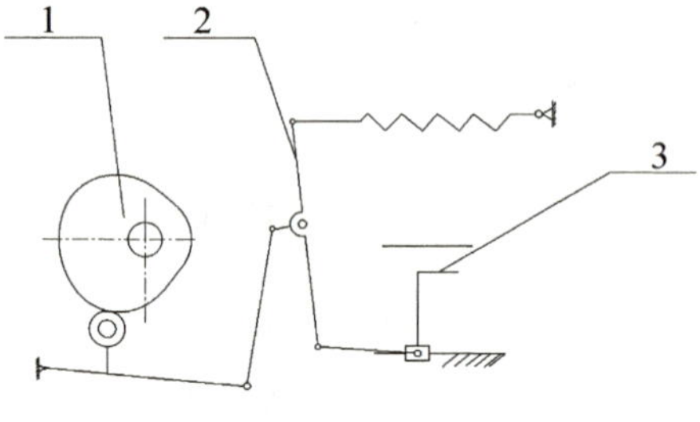

1. 大机械手凸轮；2. 转动架；3. 拨料爪。

图 8－4　板块传送机构

（九）灌装泵

灌装泵可分为机械泵和电子蠕动泵。

1. 机械泵

(1) 机械泵的基本原理。

机械泵是塑料安瓶灌封包装机的重要组成部分。它具备吸液、灌装功能，同时也可以作为一台独立的单机运行，手动及用原动机都可以使机械泵工作。机械泵是由安装在水平主轴及机械泵前轴上的两个相同的齿形带轮，经动力传动来保证机械泵与主机同步运动的。机械泵由前轴组合、后轴组合、灌液组合、柱塞阀、机架及四杆机构等组成。

机械泵前轴上安装两个轮廓线完全一致的内凸轮，与内凸轮接触的滚子轴承安装在一根推臂上，内凸轮运动时推臂上下移动，同时带动上、下横梁往复运动，上、下横梁上各安装15个压阀螺钉，横梁下移时上阀门打开，横梁上移时下阀门打开。安装在机架上的曲柄摇杆机构将前轴的匀速转动转换为后轴的摆动，后轴上固定15支拉板，拉板与柱塞阀相连，柱塞阀的入口与液体箱相通，柱塞阀的出口与注液针相通，注液针的另一端与大气相通，并能伸入到容器小瓶的底部。后轴摆动时带动15支拉板同时摆动。与拉板相连的柱塞在液缸中做直线往复运动，柱塞后拉时上阀门关闭，下阀门打开，液缸形成真空，液体便从液体箱中抽取；柱塞前推时下阀门关闭，上阀门打开，液体通过灌装嘴注进板块的每支容器小瓶中（这时灌装嘴支架落下，当灌装结束后灌装嘴支架会同时抬起，这个动作是靠主轴上的灌装凸轮完成的）。从而完成一个完整的灌装过程。

（2）机械泵的调整。

① 运动调整：柱塞阀上、下阀门的开启和关闭是由前轴上的凸轮带动上、下横梁同时运动来实现的，上、下横梁上的压阀螺钉分别压在阀芯的端面上。阀门的开启与关闭要与柱塞的推、拉运动相协调，否则会造成过载，保险销会折断。

② 装量调整：本机为容积式定量灌装，柱塞的移动距离决定灌装剂量。根据机械结构的特征，偏心增大时灌装剂量增大，反之则减少；松开螺母，增加剂量时顺时针方向旋转调整螺钉；减少剂量时，逆时针方向旋转调整螺钉。设备设有微调装置，可以用来进行单支较小剂量的装置误差调整，调整方法为松开螺钉，旋转调整螺母（DSP. 9 - 42），顺时针旋转时剂量减小，逆时针旋转时剂量增大，调整到使所有的容器小瓶都达到相同的灌量即可。

（3）机械泵的故障排除。

当发现液缸漏液或装量不准时，要检查柱塞上的密封圈和阀上的膜片是否损坏，如果损坏需要更换密封圈或膜片。阀内弹簧失效或折断时，阀门不能正常开启和关闭，机械泵将不能工作，需要更换弹簧。另外，各密封面与管路密封不严时，有空气进入阀门，也将影响灌量的准确，要及时找出原因排除故障，以免使缸体磨损。

2. 电子蠕动泵

（1）电子蠕动泵的基本原理。

电子蠕动泵的胶管在三个压辊的作用下，产生压力差，然后将液体吸入，转过一个角度后再将液体排出。

（2）电子蠕动泵的调试。

① 在电子蠕动泵调试的界面可进行灌装管路清洗和灌装测试，检测泵头工作是否正常。总体灌装量可用“＋”或“－”灌装时间来控制。

② 开关（1）的作用是控制泵头正反转，往上扳动和往下扳动泵头电机的转向刚好相反；中间位置为对应的电机停机状态。开关（2）的作用是控制流量大小：往左旋是减小流量（灌量减小）；往右旋是增加流量（灌量增加）。单支灌量的调整可以调此旋钮。

③ 开机灌装时，15支压杆必须压下。

④ 待批量工作结束时，压杆必须开启，让硅胶管保持放松状态。

（十）液体箱

液体箱入口管处安装有电磁阀，箱体箱盖上安装有液位感应器，液位感应器有三根不同长度。当液面低于最低值时，进口处的电磁阀打开，药液开始流入箱体内；当液面高于上限时，电磁阀关闭，停止灌液。

（十一）横向机械手

横向机械手将灌装后的板块由前导轨运送到后导轨，在小机械手(图 8－5)凸轮的作用下做往复运动。

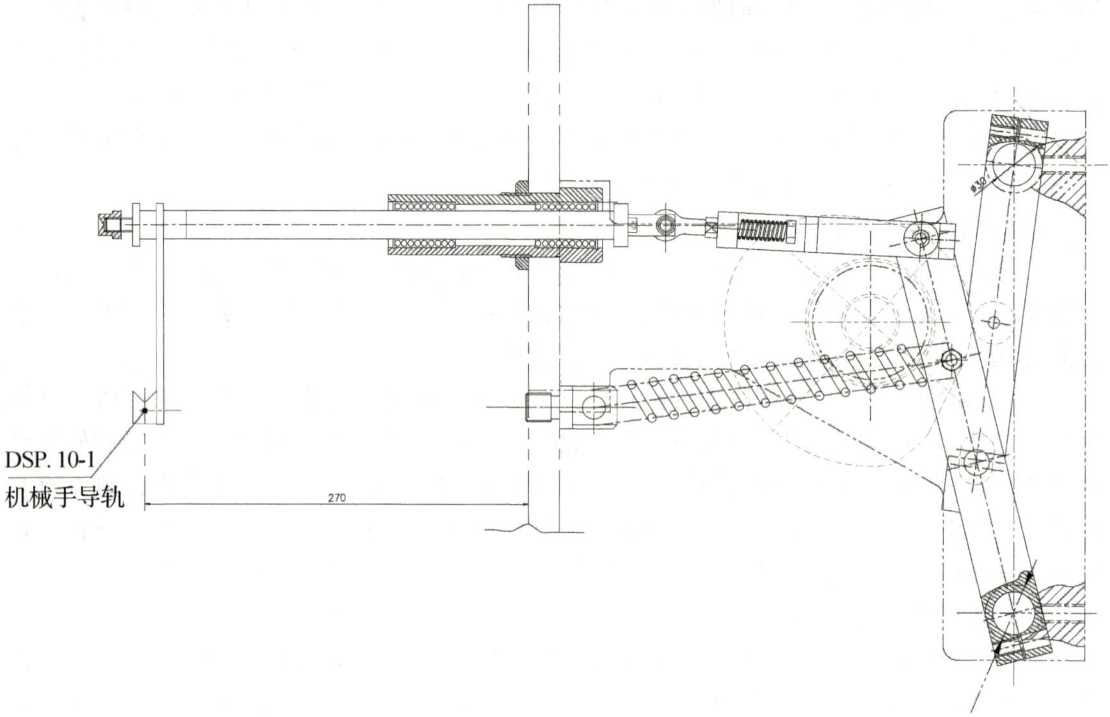

图 8－5　小机械手

（十二）尾边加热装置

尾边加热装置将灌装后的板块尾部加热软化，便于下一工位的封合。该装置的加热元件是两条宽 5 mm、厚 0.2 mm 的加热扁带，扁带的通电与断电由程序控制。当有板块进入灌装工位时，扁带通电立即变成红热状态；当无板块进入灌装工位时，扁带断电。长期使用加热扁带老化或损坏时，需要更换新的加热扁带，更换时应使两条扁带绷紧，否则通电后扁带可能会松弛，并且相互接触导致烧断。

（十三）尾边封合装置

尾边封合装置共 2 套，其作用是将热状态下敞开的容器尾部封合牢固。在进入此工序之前，板块的尾部是敞开的，经过两次封合后，整个板块完全密封，液体不会流出，外面的空气也不会进入小瓶中。

尾边封合装置由前、后加热体及前、后封合板组成，封合板上制有网纹，并涂有耐热防粘涂层，加热体内各置 1 支 600 W 的加热管。

（十四）打批号装置

打批号装置在封合后板块的尾部打上批号和生产日期(此装置的运动同尾边封合装置)。当需要变更批号或生产日期时，可将4个螺钉拆下，然后将批号板取下，更换上面的字头。

（十五）切尾边机构

尾边封合后的边缘呈不规则状，需经切尾边机构将尾端修整并切成设计尺寸及形状。切尾边机构由上切刃、下切刃、框板、直线轴承、导柱等组成。传动系统中的切尾边凸轮机构驱动实现上、下切刃的开模与合模。切尾边机构可以在竖直方向整体上下移动，以调整切尾边的位置，从而将板块切割成设计尺寸。

（十六）分切装置

进入分切装置前的板块是数支容器小瓶连接在一起的整体板块，使用起来很不方便。经过分切装置做纵向切断后，容器小瓶会变成由几支小瓶连接而成的小板块，使用起来很方便。

分切装置是由前刀架板、前刀片、后刀架板、后刀片、隔料板及背板组成的组件。由传动系统中的凸轮组驱动实现前后分切合模与开模。装置可以将封合好的整体板块切成2～3组的小板块。

长时间使用可能会造成前后刀片磨损，这时只要松开一组固定螺栓，即可把刀片拆下，更换新刀片。

分切后的成品板块由成品传送机构送入小皮带输送机传送带，再落入大皮带输送机传送带被送入下一工序，至此灌封机完成了全部包装工作过程。

三、系统组成

（一）气控系统

气控系统由气源、控制元件、执行元件及辅助元件等组成。控制元件由可编程序控制器控制，使执行元件的动作与机械结构的运动协调、同步，实现灌装机工作的程序化。

1. 气源

为系统提供压缩空气。

2. 控制元件

压力调节阀、换向阀、节流阀等均为控制元件，用来调节和控制压缩空气的压力、方向、流量，为执行元件提供稳压、定向、定量的压缩空气。

(1) 压力调节阀：又称减压阀，是在气控系统中起减压和稳压作用的控制元件。一般来说，气源提供的气体压力较高，而系统工作时并不需要很大的压力，故在主气路上安装压力调节阀，调控系统工作压力。如果某个支路上的工作压力还需减小，可以在支路中安装压力调节阀，使机构获得合适的气体压力，如成型吹气支路中的压力调节阀。

(2) 换向阀：控制压缩空气的流动方向或气路的通断。系统选用的是单电控二位五通电磁换向阀、快速排气阀等。换向阀通电与断电时气流的流动方向相反，从而控制执行元件的动作；这里也包括成型吹气的通断和尾边吹气的通断。快速排气阀安装在成型吹气支路的排气口处，快速排除成型后的残余气体。

(3) 节流阀：控制气体流量及流速的元件，用于调节执行元件的运行速度。气控系统采用单向节流阀，它是由一个单向阀和一个节流阀并联而成的组合体，单向阀只允许气体向一个方向流动而不能换向，节流阀可以调节气体流量的大小，使用单向节流阀时一般为排气节流。在气路中使用单向节流阀可以实现慢速前进和快速退回的功能。气控系统的传送机构支路、接料装置支路及尾边吹气支路均装有单向节流阀，使装置避免冲击，运行平稳。

3. 执行元件

本系统中的执行元件为气缸。气缸共 8 个，分别是夹持送片气缸(6 个)、接料装置气缸、传送装置气缸。气缸活塞杆的伸缩由换向阀控制，配合机械结构完成回转运动、摆动等。

4. 辅助元件

辅助元件包括分水滤清器、油雾器、消声器及管路附件等。进入气动元件的压缩空气一般都要除去水并过滤，还要注入润滑油和消除排气噪声等，因此还需要辅助元件才能使系统工作。

(1) 分水滤清器：滤掉气源供给的高压空气中的水分、油分及灰尘等，将洁净的高压空气送入控制元件及执行元件，以延长元件的使用寿命及保证系统工作的可靠性。分水滤清器应安装在系统进气的最前端，必须竖直安装，并将水阀朝下。使用手动放水阀时，要随时注意观察杯内存水，及时放掉。本系统设有两个过滤器：一个在系统入口，为预过滤；一个在成型吹气支路中，为精密过滤器，保障成型容器不受污染。

(2) 油雾器：向系统中的气动元件提供润滑油的装置，它以气体为动力，将润滑油喷成雾状混入气流中，润滑各类气动元件，如气缸、控制阀等。油雾器供油应适量，如果排气时喷油，说明供油量太大，如果工作较长时间后油杯内的油量没有减少，则说明供油量太少，可以拧动针阀来调节。油杯内装油不宜太多，并要注意及时补充(可在工作时加油)。本系统成型吹气支路中无润滑油，使用无油润滑气动元件时可不使用油雾器。

(3) 消声器：减少排气时的噪声，消声器装有吸声材料的消声罩，气流在消声器内流动过程中，由于膨胀、扩散互相干涉而消耗掉能量，减少了噪声。消声器长期使用会堵塞，如果发现消声效果不好或消声罩变黑，应及时清洗或更换。

(4) 管路附件：各种形式及规格的管接头及通气管等，是气控系统中不可缺少的部分。

（二）水冷却系统

水冷却系统的作用有两点：一是防止加热部件的运动副发生热膨胀，影响机器正常运转；二是用于模具冷却，使热状态下的 PVC 在成型的同时迅速冷却定型。冷却水应采用蒸馏水，机器如果长时间不使用应将冷却水放掉。

四、操作

（一）开机

接通主电源后，打开钥匙开关，PLC 及触摸屏通电，操作界面自动转入监控系统主操作画面(图 8－6)，按页面左下角的“开始菜单”按键，弹出操作快速选择窗口(图 8－7)，通过选择，能够直接进入“生产运行”“设备状态”“机器参数”“企业简介”“操作说明”等操作画面。触摸“操作说明”，可以查阅本监控系统的基本操作及使用方法，对于初次使用本设备的用户，除了要仔细阅读设备使用说明书外，在本“操作说明”中也可以获得相关的帮助信息。触摸“设备状态”按键，系统进入设备状态画面。触摸“生产运行”按键，系统进入生产运行画面，此页为操作的主页面，可在此页面进行药品的生产等各项操作。触摸“机器参数”按键，能够查阅机器的各项性能指标。

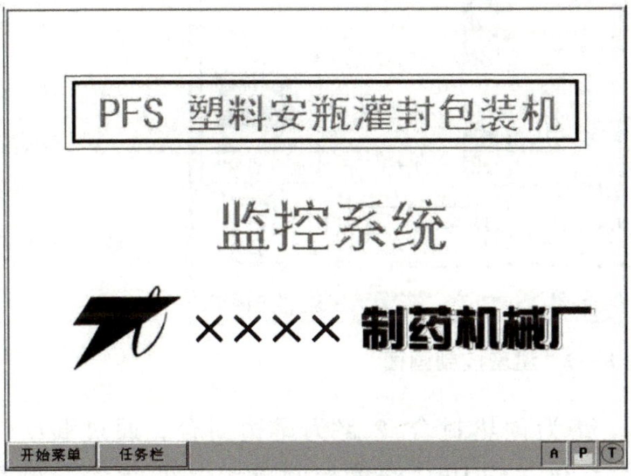

图 8-6　监控系统主操作画面

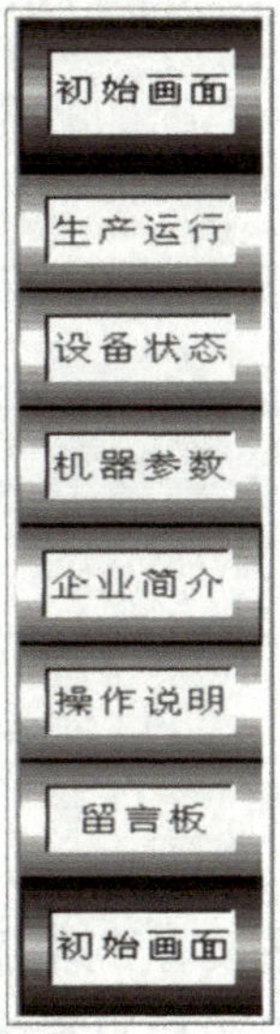

图 8-7　操作快速选择窗口

（二）设备状态

触摸“设备状态”按键，系统进入设备状态画面(图 8-8)。触摸画面中的各个按钮，可以进入相应的设备控制画面，能够对设备进行相关的控制及监视。

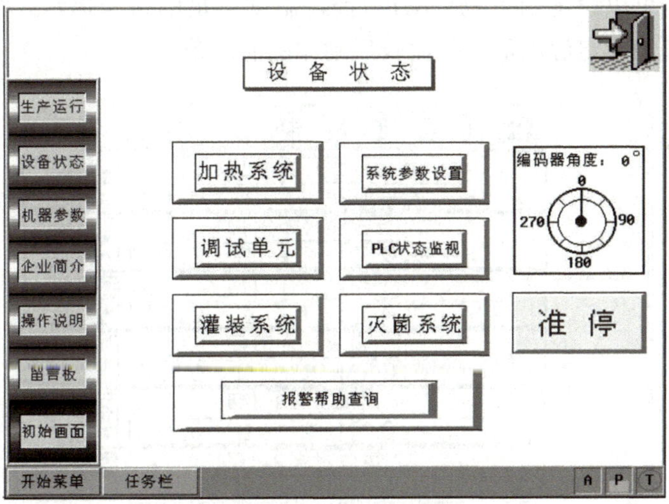

图 8-8　设备状态画面

1. 加热系统

触摸“加热系统”，进入温度控制画面(图 8-9)。当需要加热时，分别按下“预热封合”及“尾边封合”按钮，系统即进行加热并自动调节。各加热执行机构在触摸屏上对应相应的指示灯指示工作状态。注意：预热封合部分因为升温较慢，可以先进行加温，以便使 6 路温度升温同步。

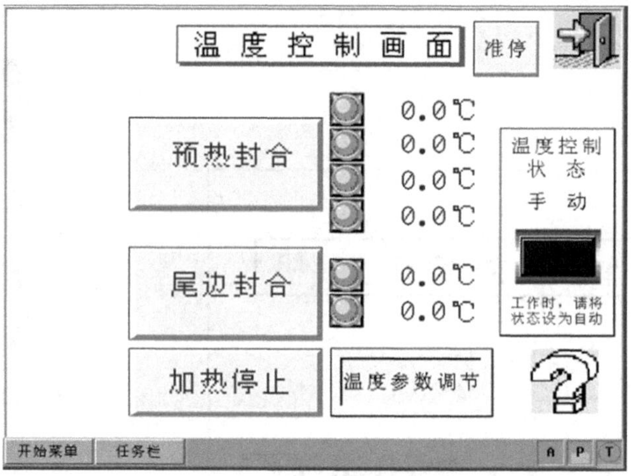

图 8－9　温度控制画面

设备中设有 6 路温度控制：其中 4 路为预热封合，2 路为尾边封合。通过温度传感器 PT100 铂电阻检测各路准确的温度数值，传送到 PLC 温度控制单元内部，系统自动与用户设定的工作温度数值进行比较，并进行相应的自动调节，以使工作温度稳定在要求的范围以内。

点击“温度参数调节”按钮，进入温度控制设定画面（图 8－10），可以进行温度的调节设定等操作。左侧显示的温度值为实际测量温度。点击设定温度位置，弹出数字键盘，可以设定工作温度。点击“温度上限报警设定”，能够设定蜂鸣器鸣响报警的超温温度值。点击“温度下限报警设定”，可以设定当主机自动运行时，温度不足的报警提示。“自动调节宽度”可以设定实际温度值和设定温度值进行比较后动作的温度范围。

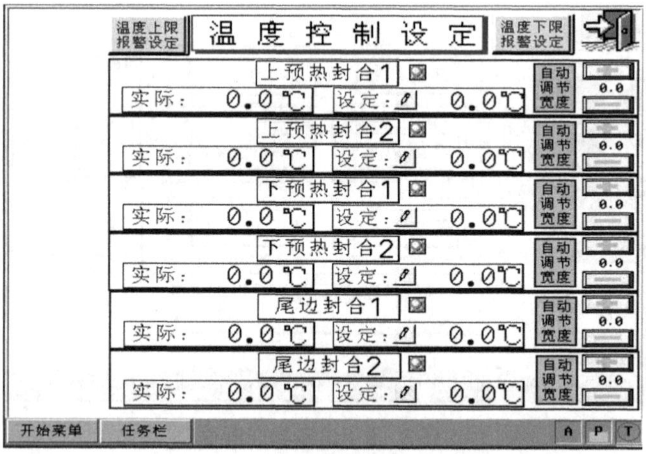

图 8－10　温度控制设定画面

2. 调试单元

点击图 8－8 中的“调试单元”按钮，进入调试单元画面（图 8－11），此画面为设备调试检修时所使用。各测试按钮可以进行手动测试、检修等状态的调试。

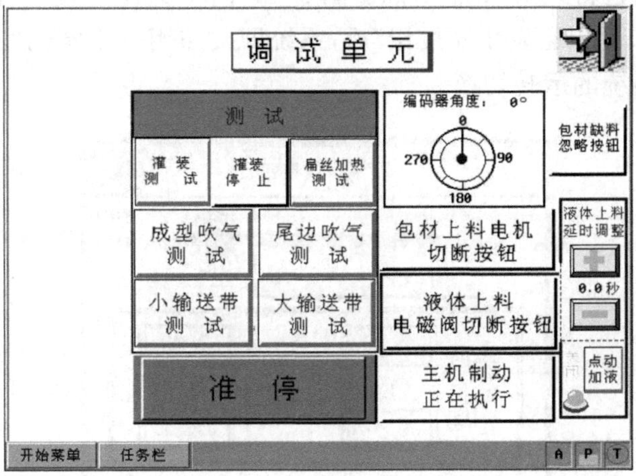

图 8－11　调试单元画面

点击“液体上料电磁阀切断按钮”可以强制切断此阀。在非强制状态下，此阀受液体箱内的液位传感器控制，根据用户调整的上料延时时间，进行自动动作。在主机运行状态，当传感器感应到 PVC 包材缺料时，主机自动延时运行一段时间后，自动停机；当“包材缺料忽略按钮”被按下时，系统不考虑包材是否缺料，即缺料时主机不自动停机。点击“包材上料电机切断按钮”可以强制关闭两个包材上料电机。当停车时，点击“主机制动”按钮释放主电机的电磁刹车装置，以进行手动盘车等操作。

3. *灌装系统*

点击图 8－8 中的“灌装系统”按钮，进入灌装系统调整窗口（图 8－12）。点击“灌装清洗”按钮，电子灌装系统连续工作，可以进行药液桶及灌装管路的清洗和调试运转等工作，第二次点击此按钮，灌装停止工作。“灌装延时调整”可以由用户调整机器在工作时每个工位的自动灌装时间。点击“灌装测试”按钮后，系统自动按调整的灌装延时时间进行灌装一次。

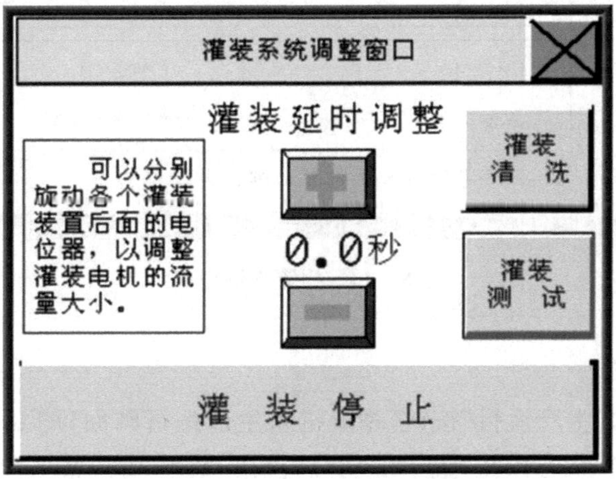

图 8－12　灌装系统调整窗口

4. 灭菌系统

设备配备了自动包材灭菌系统，可点击图 8－8 中的“灭菌系统”按钮进入灭菌系统调整窗口（图 8－13）。按动“灭菌发生器按钮”后，系统即按照用户设定的“工作时间”和“停机时间”，自动进行灭菌系统的运转切换。

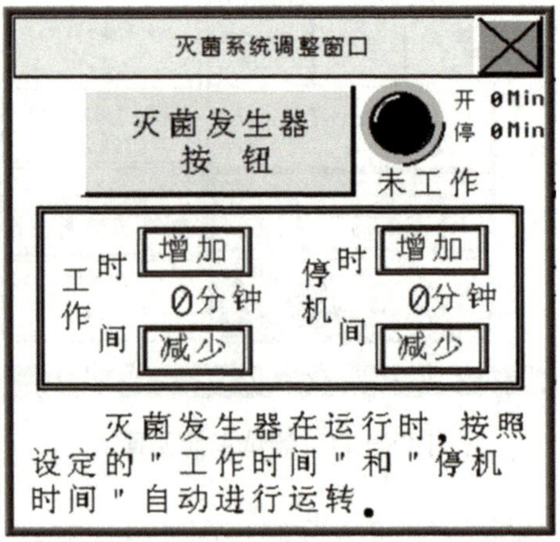

图 8－13　灭菌系统调整窗口

5. 报警帮助查询

点击图 8－8 中的“报警帮助查询”按钮，可进入报警查询窗口（图 8－14）。如有报警，相应的报警灯闪烁。触摸各报警位置，能够弹出对应的报警详细说明及解决方法。

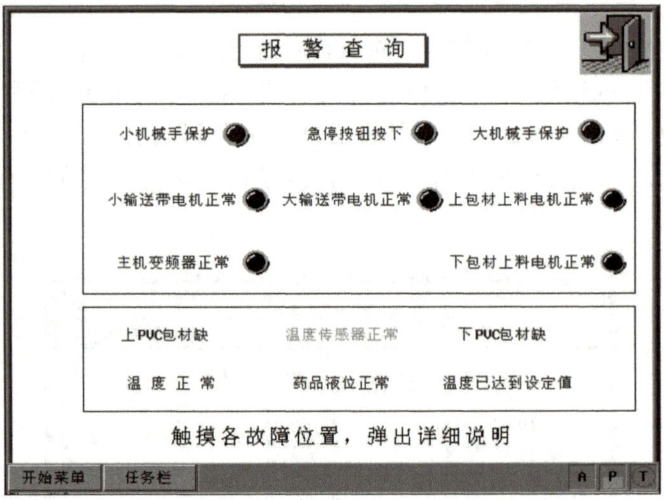

图 8－14　报警查询窗口

（三）生产运行

触摸图 8－7 中的“生产运行”按键，系统进入生产运行画面（图 8－15）。在首次开车或故障处理完成后，要将“状态按钮”置于手动位置，按“启动”或“点动”按钮点动试车，检查设备有无卡滞现象。

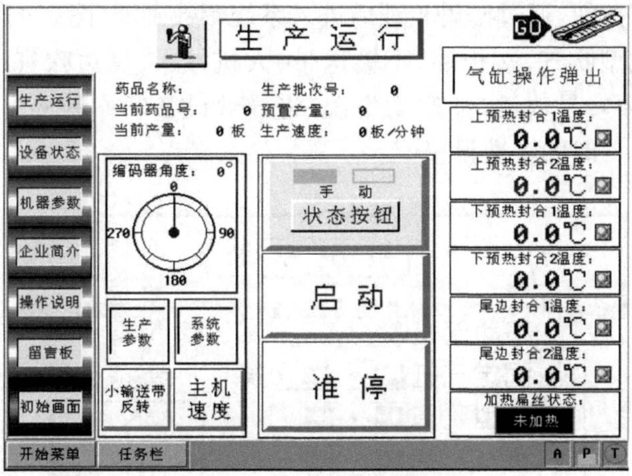

图 8-15　生产运行画面

点动试车正常后，进入加热系统，给模具加热，加热前要保证整机供冷却水，并且保证冷却水回路正常。当各路加热温度达到设定值并正常稳定后，即可放置 PVC 膜试机。点击“气缸操作弹出”按钮，弹出气缸操作窗口（图 8-16）。先打开固定气缸开关，使双膜通过，然后关闭固定气缸，夹好膜片。打开移动气缸，穿过双膜后，再关闭移动气缸。经过以上操作，PVC 膜安装完毕。

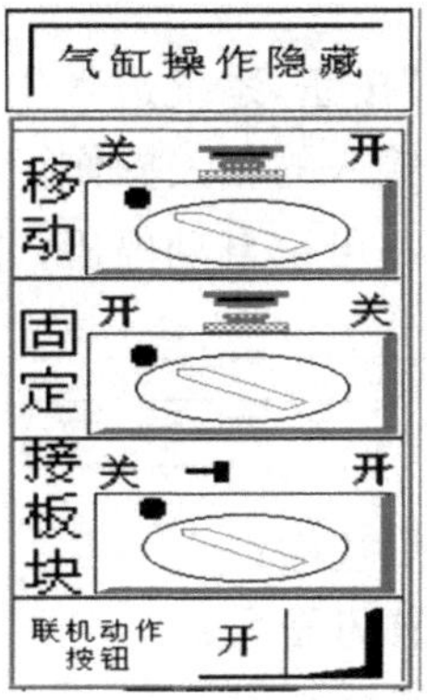

图 8-16　气缸操作窗口

“联机动作按钮”通常应该处在“开”状态。当调至“关”位置时，系统运转，但包材不随主机运转而联动。此开关为设备调试及检修而设计。

将图 8-15 中的“状态按钮”设成“自动”，按动“启动”按钮，设备开车，蜂鸣器鸣响 3 s 后，主机自动运转工作。

开车后，要检查成型及冲压的板块是否达到要求，当冲切下的板块达到要求后，点击图 8-16 中的“接板块”按钮，通过接板块气缸可以把板块不断地送到后续滑道。当板块进入灌装工位后，PLC 自动控制灌装机进行灌装，无板块进入则不灌装。灌装后的板块通过小机械手转运到后排后进行封尾边、切边、压印，再由输送带输出成品。当机械部件受卡，主机会自动停车，报警灯及蜂鸣器闪亮和鸣响，同时触摸屏弹出故障画面，相关故障部位闪烁提示，直到机械故障排除。PVC 膜将要用尽时，系统进行自动报警提示，延时运行后自动停机。

点击“系统参数”按钮，通过密码验证后进入系统参数画面（图8-17）。此画面可以对移动气缸、固定气缸、成型吹气、接板块、小输送带、大机械手、尾边吹气、灌装等设置启、止角度。注意：此参数不要轻易改动，如改动失误，将导致设备动作紊乱。点击“恢复出厂默认值”按钮，可以恢复出厂时的参数设置值。

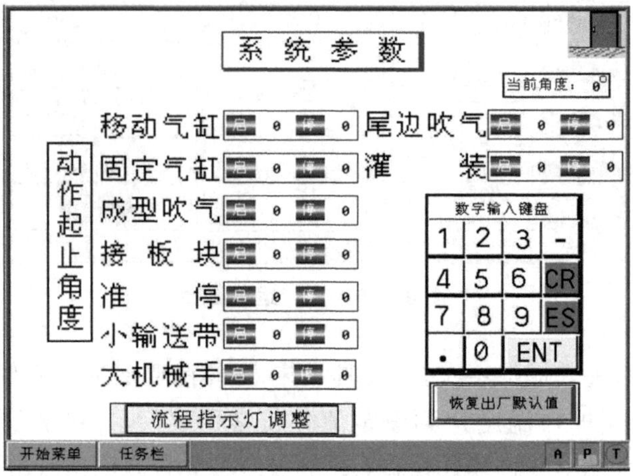

图8-17　系统参数画面

点击“流程指示灯调整”按钮，可以进入工艺流程板指示灯工作的角度调整画面，以便使流程板的指示灯能正确按时序工作。

点击生产运行页面的“生产参数”按钮，系统进入生产参数画面（图8-18），此页面能够进行产量的预置、清除及产品批号等输入的相关操作。在“预置产量”处输入数值，当系统的当前产量计数数值达到预设值后，设备可以自动停机，并弹出提示画面。

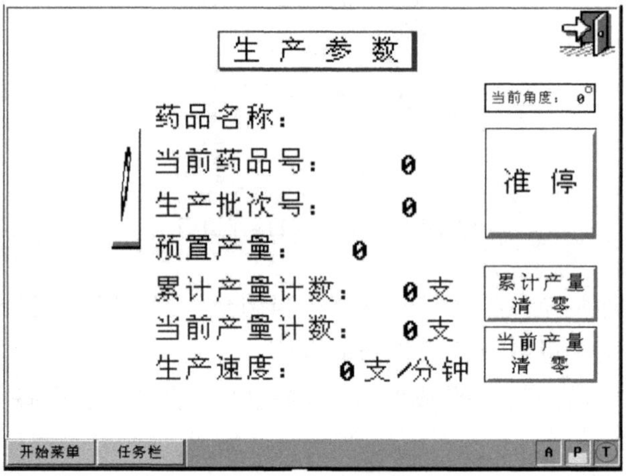

图8-18　生产参数画面

（四）机器参数

在操作快速选择窗口中触摸“机器参数”按键，进入机器参数画面（图8-19）。此画面显示机器的各种性能参数，用户能够对机器的各项参数指标有初步的了解。

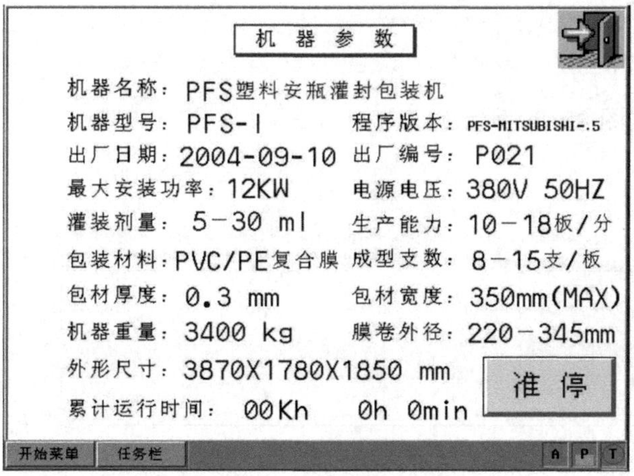

图 8－19 机器参数画面

五、模具更换

当使用 2 套以上不同规格及尺寸的模具时，需要进行如下逐项更换或其中某几项的更换。

（1）成型模具的更换：松开螺钉，将 6 块成型模板卸下，换上需要的模具板。

（2）冲裁模具的更换：当板块的长、宽及成型容器排列的间距数量任一改变时，均需要更换冲裁模具。松开螺栓，将冲裁模具卸下，再将后模具安装板与座板连接螺栓松开，卸下冲裁后模板，然后松开螺母，将隔套（共 4 件）拿下，换上需要的冲裁前、后模及隔套（当板块的厚度不变时不需要更换 4 个隔套），必要时与后模具安装板连接的座板也要相应更换。

（3）当板块的宽度、厚度改变或长度有较大改变时，需要更换落料槽。松开螺钉，将落料槽挡板拆下，更换落料槽。

（4）当板块的宽度或厚度改变时，需要更换输导装置中的连接块。

（5）当板块的长度改变时，需要更换传送机构中的拨料板。

（6）当板块上成型容器排列的间距、数量改变时，需要更换灌装支针板。

（7）当板块的宽度、厚度改变或长度有较大改变时，需要更换横向机械手的导轨及隔套。

（8）当板块上成型容器的排列间距及数量改变时，需要更换字头板。

（9）当板块上成型容器的排列间距及数量改变时，将切尾边机构整体拆下，换上需要的切尾机构。

（10）当板块的长度、宽度改变或板块上成型容器的排列间距及数量改变时，需要更换分切装置。

（11）当板块的长度或宽度改变时，需要更换分切装置下面的接料翻板。

六、维护与保养

（一）机器的润滑

机器的润滑点如图 8－20 所示。

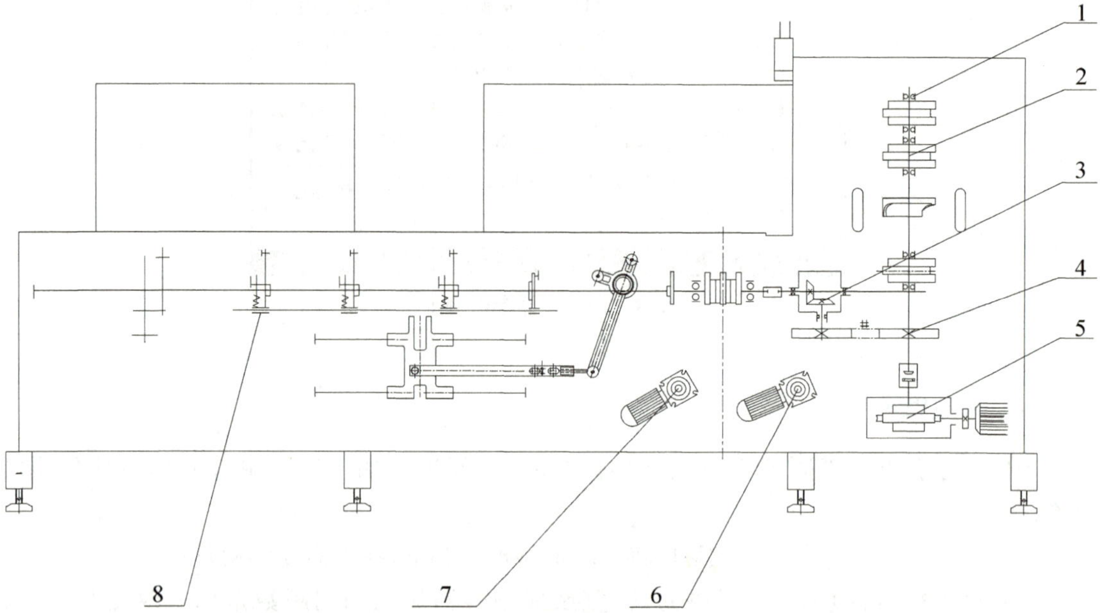

图 8－20　机器的润滑点

（1）机器每工作 40 h，需要对所有工作机构的支柱、导杆及其他有相对运动的零部件加润滑油一次（冬季用 20 号机油，夏季用 30 号机油），对凸轮、链条和齿轮工作表面加锂润滑脂一次。

（2）要经常注意气动系统油雾器的油位，采用合成锭子油、5 号空压机油和 7 号机油。

（3）主减速机每运行 1 000 h 以上时需要更换润滑油，润滑油为中国石油 68 号高级齿轮油。

（4）序号 1 和全部滚动轴承检修时需要加入适量 ZL－2 号润滑脂。序号 2 及全部凸轮、直线轴承，每 8 h 用 HJ20 号机油润滑一次。序号 8 及全部滑动、转动部件每 40 h 用 HJ20 号机油润滑一次。

（5）序号 3、6、7 润滑点用二硫化钼 2 号润滑脂润滑，每 3 个月润滑一次。

（二）日常维护与保养

（1）每天生产结束后，检查各个夹紧装置和模具是否粘有薄膜的残渣，仔细进行清理。

（2）仔细清洗灌装装置，特别是在更换品种时清洗要更仔细。以防堵塞剂量注射器及管路药品混合。

（3）清洗机器上与被包装产品相接触的所有运动部件，特别是轨道和封合模板上的药液要做到随有随擦。

（4）冷却水应采用蒸馏水。机器如果长时间不使用，应将冷却水放干净。

进度考核评定

◇进度考核题目

一、简答题

1. 简述 PFS－Ⅱ型塑料安瓶灌封包装机的组成。
2. 简述 PFS－Ⅱ型塑料安瓶灌封包装机的操作过程。

二、实际操作题

操作 PFS－Ⅱ型塑料安瓶灌封包装机，并维护维修 PFS－Ⅱ型塑料安瓶灌封包装机。

◇进度考核评定标准

进度考核评定标准见表 8－4。

表 8－4 进度考核评定标准

编号	考核内容	分值	得分
1	认识 PFS－Ⅱ型塑料安瓶灌封包装机的结构，熟悉工作过程	30	
2	能正确操作 PFS－Ⅱ型塑料安瓶灌封包装机	35	
3	能正确维护维修 PFS－Ⅱ型塑料安瓶灌封包装机	25	
4	保证安全和场地整洁	10	
合　计		100	

项目九 空调净化及空气压缩系统

学习目标

1. 能正确操作和维护 ZK 型空调净化系统。
2. 能正确操作和维护 SSR UP511 型空气压缩系统。

所需设备

所需设备见表 9－1。

表 9－1 所需设备

名称	规格	单位	数量
空调净化系统	ZK 型	台	1
空气压缩系统	SSR UP511 型	台	1

一、ZK 型空调净化系统

（一）原理概述

空气调节是为满足生产要求，改善劳动卫生条件，用人工的方法使室内空气温度、湿度、洁净度和气流速度达到一定要求的技术。

空气净化是指以空气洁净度、静压为主要目的进行控制的空气调节技术，是为去除空气中的污染物质，使空气洁净的行为。

空气洁净度是指洁净环境中空气含尘埃颗粒数量的程度，通常以每立方米空气中的尘埃颗粒数量（粒/m^3）来表示。

GMP 对洁净度级别的规定如表 9－2 所示。

表 9－2 GMP 对洁净度级别的规定

洁净度级别	悬浮粒子最大允许数/（个/m^3）			
	静态		动态③	
	≥0.5 μm	≥5.0 μm②	≥0.5 μm	≥5.0 μm
A 级①	3 520	20	3 520	20
B 级	3 520	29	35 2000	2 900
C 级	352 000	2 900	3 520 000	29 000
D 级	3 520 000	29 000	不作规定	不作规定

注：① 为确认 A 级洁净区的级别，每个采样点的采样量不得少于 1 m^3。A 级洁净区空气悬浮粒子的级别为 ISO 4.8，以≥5.0 μm 的悬浮粒子为限度标准。B 级洁净区（静态）的空气悬浮粒子的级别为 ISO 5，同时包括表中两种粒径的悬浮粒子。对于 C 级洁净区（静态和动态）而言，空气悬浮粒子的级别分别为 ISO

7 和 ISO 8。对于 D 级洁净区(静态)空气悬浮粒子的级别为 ISO 8。测试方法可参照 ISO14644 - 1。

② 在确认级别时,应当使用采样管较短的便携式尘埃粒子计数器,避免≥5.0 μm 悬浮粒子在远程采样系统的长采样管中沉降。在单向流系统中,应当采用等动力学的取样头。

③ 动态测试可在常规操作、培养基模拟灌装过程中进行,证明达到动态的洁净度级别,但培养基模拟灌装试验要求在"最差状况"下进行动态测试。

粗效过滤器过滤 10 μm 以上的大尘粒和异物;中效过滤器过滤 1～10 μm 的悬浮尘粒;高效过滤器过滤 1 μm 以下的尘粒以及控制送风系统含尘量,用于 D 级及以上的空气净化处理。

空调净化工艺流程:新风、回风段→初效过滤段→风机段→中效过滤段→风管→(高效过滤段→)送风。

(二) 操作

1. 臭氧发生器

(1) 操作前准备:

① 空调器正常运转,新风口关闭、直排风口关闭。

② 臭氧发生器内各部件均处于正常状态。

(2) 运行和停机:

① 闭合上电源总开关,并查看电压是否正常。

② 将转换开关置于"手动"位置。

③ 在"手动"正常情况下打到"自动"工作挡正常运行,观察系统是否正常启动,设备散热风扇是否正常运转,工作状态显示指示灯是否能准确显示。

④ 按下停止按钮,臭氧发生系统终止工作。

(3) 注意事项:

① 在启动臭氧发生器之前应确认洁净区处于无人状态。

② 灭菌周期为半个月或根据生产剂型和生产需要确定,灭菌时间不少于 2 h。

③ 灭菌结束后及时打开空调新风阀,生产车间灭菌结束 2 h 后操作人员方可进入。

2. 空调净化系统

(1) 操作前准备:

① 检查设备是否完好,包括风道是否有异物、是否通畅,粗效过滤器、中效过滤器和高效过滤器是否能正常工作,系统是否密封完好。

② 检查松紧度是否合适。

③ 检查机体柜门是否关好。

④ 接通空调净化系统控制箱电源,查看电压是否正常。

(2) 空调机启停和监视:

① 启动风机。

② 观察空调净化系统工作情况:洁净室气体压力大于室外大气静压力 10 Pa,注意净化车间气体压差表,若出现气体压差表不正常,及时停机,找出故障予以排除。

③ 空调净化系统不工作时关上控制箱电源。

(3) 注意事项:

① 启动风机时操作人员应离开风机段。

② 启动机组时要注意机组进出口调节阀的位置，防止出现不许可高压或吸入压力，以致箱体吸瘪，造成箱体永久变形甚至损坏机组。

③ 禁止在风机运转时打开机组上的门，严禁在风机运转时进入机组。

（三）维护要点

（1）空调机组要在切断电源后，停机进行维修保养；经常检查风机运行状况是否良好，定期检查皮带的松紧程度和轴承状态，风机轴承一般在使用 500 h 后加注油脂润滑，每季度定期从风机轴壳加油嘴加入适量的油脂（采用 G－2 号防锈润滑脂）；定期检查空调器电气设备和转动的润滑部分；严禁在关闭送风、回风及新风阀门的状态下启动空调器的风机；电动机的润滑部位每年应加注润滑油一次或对电机进行保养。要经常保持空调机房内的卫生，保证干净整洁。

（2）风管要经常检查，保温材料若破损应及时更换；人造革（帆布）软接头应妥加保护，由于磨损或腐蚀等引起漏风时应及时修补更换，发现风管变形要及时更换；经常检查阀门组件，有损坏及时更换；风管法兰漏风，添加或更换风管法兰橡胶密封材料后重新紧固直至无漏风为止。

（3）初效过滤器两侧压差接近初始压差的 2 倍时进行更换；中效过滤器两侧压差接近初始压差的 1.5～2 倍时进行更换；更换、清洗、清洁和检漏初效过滤器、中效过滤器和高效过滤器时按程序进行操作。

二、SSR UP511 型空气压缩系统

（一）原理概述

SSR UP511 空气压缩系统的组成如图 9－1 所示。

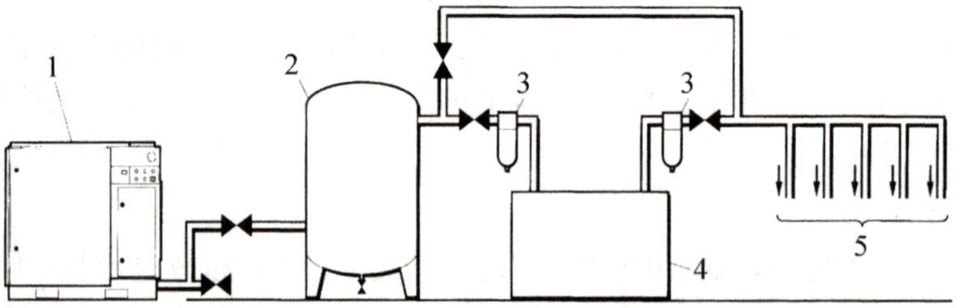

1. 空压机组；2. 储气罐；3. 过滤器；4. 空气干燥器；5. 用气点。

图 9－1　SSR UP511 空气压缩系统的组成

空气主要由氮气和氧气组成，还包含若干其他气体，此外常含有一定量的水蒸气。空气的体积受温度和压力的影响较大，具有明显的可压缩性，空气压缩机就是用于压缩和输送各种气体介质的机器，简称空压机。

空气压缩工艺流程：空气→压缩→储存→初次过滤和气水分离→干燥→二次过滤和二次气水分离→供使用。

（二）操作

1. 操作前准备

（1）检查空压主机、储气罐、干燥器、分水滤气阀，确保设备完好。

(2) 检查系统中管道和阀门是否有跑气、冒气现象。

(3) 对设备进行视觉检查，确保所有保护性设施安全牢固，并确保设备有合适的通风。

(4) 确保主机排放阀处于打开状态。

(5) 打开电隔离器或断电，通电显示灯会亮，表明线压和控制压均有。

(6) 关上干燥过滤器进气分水滤气器和两个出气分水滤气器旋钮。

2. 操作

(1) 打开干燥过滤器电源，启动干燥过滤器。

(2) 打开压缩主机电源，旋动旋钮到启动压缩主机挡位。

(3) 观察空气压缩系统工作灯是否正常工作。

(4) 出现不正常工作情况，按下紧急制动按钮紧急制动压缩主机。

(5) 停止工作时先旋动旋钮停止压缩主机运行，关闭压缩主机电源；然后停止干燥过滤器。

(6) 最后打开干燥过滤器进气分水滤气器和两个出气分水滤气器旋钮为“排水”状态，若长时间不用则关上干燥过滤器进气分水滤气器和两个出气分水滤气器旋钮。

(7) 断开所有开关或断路器。

3. 注意事项

(1) 操作前若未排水，应旋动干燥过滤器进气分水滤气器和两个出气分水滤气器旋钮给压缩系统排水。

(2) 关机后，切勿让设备在储气/分离系统处于受压状态下待机。

(3) 不随意打开主机护板和盖罩。

(4) 保持房间整洁。

（三）维护要点

(1) 对空压机进行任何维修工作前要切断电源，要把气压全部排掉。

(2) 若主机噪声过高，则检查是否有部件松动。

(3) 更换部件时必须按操作程序操作。

(4) 每 9 000 h 更换主机传动皮带和气体弹簧。

(5) 每 3 000 h 更换空气过滤器芯。

(6) 每 18 000 h 或根据需要拆掉主机外罩及任何必要部件，彻底清洁内部并检查全部内部表面。

进度考核评定

◇进度考核题目

一、简答题

1. 简述 GMP 对洁净度级别的规定。
2. 简述空调净化工艺流程及空气压缩工艺流程。
3. 简述 SSR UP511 型空气压缩系统的组成。

二、实际操作题

操作并维护 ZK 型空调净化系统和 SSR UP511 型空气压缩系统。

◇进度考核评定标准

进度考核评定标准见表 9－3。

表 9－3　进度考核评定标准

编号	考核内容	分值	得分
1	认识 ZK 型空调净化系统和 SSR UP511 型空气压缩系统的结构，熟悉工作过程	40	
2	正确操作 ZK 型空调净化系统和 SSR UP511 型空气压缩系统	30	
3	能正确维护 ZK 型空调净化系统和 SSR UP511 型空气压缩系统	20	
4	保证安全和整洁	10	
合　计		100	

附录一　部分液体制剂设备操作要点

纯化水设备

手动操作

一、检查工作

1. 空压机、制水车间送电。
2. 查看自来水总阀及各阀门是否打开(自来水总阀逆开、顺关)。
3. 打开气阀及一级反渗透电源。

二、开机

1. 开预处理开关:自动冲洗 46 min,关预处理开关。
2. 开一级淡水阀及一级浓水阀。
3. 开气泵阀 1、5、8。
4. 把总开关开至手动,开原水泵开关。
5. 3 min 后,开气动阀 9,关气动阀 8。
6. 精滤器排气。
7. 开高压泵。
8. 3 min 后关一级浓水阀,3 min 后关一级淡水阀。
9. 待一级淡水箱有 1/3 水位后,检查一级淡水出水阀是否打开。
10. 打开 EDI 开关及淡水泵开关。

三、关机

1. 打开一级淡水阀及一级浓水阀进行冲洗。
2. 3 min 后关淡水泵、高压泵、原水泵、总开关、EDI 开关。
3. 关一级淡水出水阀及气动阀 1、5、9。
4. 一级淡水阀、浓水阀复位。
5. 关压缩空气阀,空压机总电源。

自动操作

一、检查工作

1. 空压机、制水车间送电。
2. 查看自来水总阀及各阀门是否打开。

3. 打开气阀及一级反渗透电源。

二、自动操作

1. 预处理 46 min。
2. 检查一级淡水出水阀是否打开。
3. 打开一级淡水阀,关一级浓水阀。
4. 总开关开至自动。
5. 一级电导仪显示 20 μS/cm 以下,关一级淡水阀。

三、自动关机

1. 对一级淡水阀及一级浓水阀进行冲洗。
2. 3 min 后关总开关(打至中位)。
3. 关一级淡水阀及一级浓水阀。
4. 关一级淡水出水阀。
5. 关压缩气阀、电源、空压机总电源。

纯化水设备(GMP 车间)的操作要求见附表 1-1。

附表 1-1　纯化水设备(GMP 车间)的操作要求

内容	要求
更衣	按规程正确换鞋、更衣、洗手
准备工作	进行岗位生产前检查
	开电源,打开原水箱的进水阀,使原水箱中有足够的水
	检查所有阀门处于正常状态:11 阀、13 阀已开到底,15、16、17、18、20 阀均打开,其余阀门都应关闭
	检查管道、容器等无泄漏,加药箱中至少有 20%容量的药液
	填写、挂标示
生产操作	开 2、3 阀,开原水泵,反洗石英砂过滤器至澄清度合格
	开 0、1、4 阀,关 2、3 阀,调节 0 阀使流量在 20 L/min 左右,正洗石英砂过滤器至澄清度合格
	开 5、7、8 阀,关 4 阀,反洗活性炭过滤器至澄清度合格
	开 6、9 阀、关 7、8 阀,正洗活性炭过滤器约 10 min 至取样检查正洗水澄清度合格
	开精滤器上的排气阀,开 10 阀,关 9 阀,等排气阀中有水溢出后,关闭排气阀
	开一级高压泵,开电导仪,低压冲洗一级膜 30 min
	关 15、16 阀,缓缓调节 11 阀使一级淡水流量调至 13 L/min,开始生产一级淡水(注意:一级膜前后压<1.5 MPa,压差为 0.3~0.4 MPa,一级电导<20 μS/cm)

（续表）

内容	要求
生产操作	当淡水箱中水位到达中位后，开二级高压泵，低压冲洗二级膜 30 min
	关 17、18 阀，缓缓调节 13 阀使二级淡水流量调至 9 L/min，开始生产一级淡水（注意：二级膜前后压＜1.5 MPa，压差为 0.3～0.4 MPa，二级电导＜2 μS/cm）
	以上手动操作都正常后，将“手动”打到“自动”，设备开始正常运行
	关机：将 13 阀全部打开，开 17、18 阀，关二级高压泵；将 11 阀全部打开，开 15、16 阀，关一级高压泵；关原水泵，关电导，关电源；关 0～10 阀，关原水阀
	生产过程中，及时填写生产相关记录
清场	制水间的卫生清洁
	纯水箱及输送管道的清洗消毒
	填写“清场记录”、挂贴“清场合格证”
	结束后，关闭水、电、汽门

多效蒸馏水机

手动操作

一、检查工作

1. 打开总电源，打开空压机、蒸馏机电源。
2. 纯化水箱中纯化水达到中位以上，打开纯化水出水阀。
3. 打开工业蒸汽的总开关，五效蒸发器下放水阀半开。
4. 打开气泵阀总阀。

二、手动开关

1. 打开气阀 1，打开蒸汽分阀开始放汽，待正常后把总开关开至手动（听到嗞嗞声）。
2. 打开纯化水泵开关，小流量进水（手动进水阀）（流量 4 L/min，左阀）。
3. 待电导仪温度显示 80 ℃，打开汽阀 2，开始大流量进水（正量）（流量 11 L/min，右阀）。
4. 如果电导仪显示温度太高，处理方法：①关小蒸汽分阀；②加大纯化水进水量（最大不超过 14 L/min）。

三、开关

1. 关掉气阀 1。
2. 待呼吸器没有蒸汽冒出时（冷凝器上方），约 0.5～1 min 后关掉纯化水泵开关，手动关上气动阀 2。
3. 关掉总开关、关掉工业蒸汽分阀（大法兰阀）。
4. 打开一～五效蒸发器下的排水阀。

5. 关掉蒸馏机电源和压缩空气总阀。
6. 关掉空压机、总电源、工业蒸汽总阀。

自动操作

一、检查工作

1. 打开总电源，打开空压机、蒸馏机电源。
2. 纯化水箱纯化水达到中位以上，打开纯化水出水阀。
3. 打开工业蒸汽总开关，五效蒸发器下放水阀半开。
4. 打开气泵阀总阀。

二、自动开机

1. 若1、2阀未关上，把1、2阀关上。
2. 待蒸汽正常后打开蒸汽分阀。
3. 蒸馏水机开关调至自动。

三、关机

正常生产时工业蒸汽压力控制在2～3 kgf/cm^2（1 kgf/cm^2 =98.066 5 kPa）。
1. 关掉总开关（调至中间位）。
2. 关掉蒸汽进汽阀（大法兰阀）。
多效蒸馏水机（GMP车间）的操作要求见附表1-2。

附表1-2　多效蒸馏水机（GMP车间）的操作要求

内容	要求
更衣	按规程正确换鞋、脱衣、洗手、更衣
准备工作	进行岗位生产前检查
	检查纯化水、工业蒸汽、自来水等，保证质量并有足够的供应量
	确保相关阀门的开、关
	填写、挂标示
生产操作	确保一效蒸发器排放阀打开，开工业蒸汽阀，使压力在0.1 MPa左右，等水声变为汽声后，关小工业蒸汽阀
	开“总电源”
	开“仪表”，设置好报警温度98 ℃和报警电导2.0 μS/cm
	开“料水泵”，调节纯化水进水阀，使流量为6 L/min
	调大工业蒸汽阀，使压力为0.2 MPa左右，设备开始运行，生产注射用水。注射用水合格后开始收集
	关机：关工业蒸汽阀，关料水泵、仪表、电源，开2、3阀
	生产过程中，及时填写生产相关记录

（续表）

内容	要求
清场	制水间的卫生清洁
	注射用水箱及输送管道、蒸馏水机的清洗消毒
	填写“清场记录”、挂贴“清场合格证”
	结束后，关闭水、电、汽门

超声波洗瓶机

超声波洗瓶机的操作要求见附表 1－3。

附表 1－3　超声波洗瓶机的操作要求

内容	要求
准备工作	按更衣规程更衣
	检查设备“完好”“清洁”情况，检查管道、阀门，确认所有阀门已关闭
	向贮水罐中注满水
	打开压缩空气进气阀，调节压力在 0.4 MPa 左右
	打开 1 阀
	打开总电源
生产操作	开钥匙（电源启动）、开总停，触摸屏亮
	点“手动操作”，点“手动进入”
	点“清水泵”（ON）、点“后屏”、点“水冲”（ON），贮水罐中的水开始进入水槽中
	当水槽中的水面到达超声波换能器的底表面时，关“水冲”（OFF）
	开超声波
	推入瓶盘
	点“前屏”、点“循环泵”（ON）、点“晃动”（ON），几秒钟后，关“晃动”（OFF）、点“升降”（ON）、降到位后，点“推一”（ON），推到位后，关“推一”（OFF）、点“升降”OFF……
	工位二有瓶盘时，点“翻盘”（ON）、点“喷淋”（ON），几秒钟后，关“喷淋”（OFF）
	点“后屏”、点“推二”（ON），推到位后，关“推二”（OFF）
	点“前屏”、关“翻盘”（OFF）
	点“后屏”、点“定位”（ON）、关“定位”（OFF）、点“对位”（ON）、关“对位”（OFF）、点“定位”（ON）、关“定位”（OFF）、点“对位”（ON）
	点“针板”（ON），针插入后，点“气冲一”（ON）、关“气冲一”（OFF）、点“水冲”（ON）、关“水冲”（OFF），如此循环 3～5 遍，最后以点“气冲一”（ON）、关“气冲一”（OFF）结束
	工位 4 有瓶盘时，点“气冲二”（ON）、关“气冲二”（OFF）2～3 遍
	关“针板”（OFF）、关“对位”（OFF）……

（续表）

内容	要求
生产操作	当洗瓶机中有3个瓶盘，再推入第4盘时，即可进行自动操作。点“前屏”、点“手动退出”
	点“自动操作”、点“参数设置”，根据工艺要求设置好各参数，点“返回”
	点“自动进入”、点“程序启动”，设备开始自动运行
	当进瓶信号灯亮时，推入下一瓶盘，再点“程序启动”，直至洗完
	点“程序监视”可查看设备运行状态
	生产结束关机时，关超声波，点“程序停止”、点“自动退出”、点“前屏”，回到初始画面后，点“手动操作”、点“手动进入”、关“清水泵”（OFF）、关“循环泵”（OFF）、点“手动退出”、点“前屏”
	开2、3、4排放阀，设备经清洗后，关贮水罐的注射用水进水阀、压缩空气进气阀，关闭1、2、3、4排放阀
	关总停钥匙，关总电源
清场	对用具、洗瓶机、洗瓶场所进行清理、清洁，废物、污物集中处理
	关闭水、电、气门

隧道式烘箱

隧道式烘箱的操作要求见附表1－4。

附表1－4　隧道式烘箱的操作要求

内容	要求
准备工作	按更衣规程更衣
	检查设备“完好”“清洁”情况等
	打开总电源
生产操作	开“全机紧停”，按“电源启动”，电源指示灯亮，触摸屏亮，点“红心”
	点“设置一”，点“控制停止”变为“控制开始”
	点“设置二”，根据工艺要求设置各参数：高温、下层、预热、冷却以及相应的报警温度，安全温度
	点“时基修改”，修改为当前时间后，点“返回”
	＜手动操作＞点“调整运行”，点“调整进入”“前层流开”“后层流开”“排风开”“网带开”“高温开”“下热开”“冷却开”“预热开”，设备开始操作运行（等温度达到设定的温度后推瓶盘进入烘箱）
	＜自动操作＞点“自动运行”，点“自动确认”“自动启动”“网带投入”，设备开始操作运行（等温度达到设定的温度后推瓶盘进入烘箱）
	点“监控”查看程序运行状态
	点“温度记录”或“温度曲线”或“报警记录”可进行相应的查看

（续表）

内容	要求
生产操作	生产结束关机时：＜手动操作＞点“停预热”“停冷却”“停下热”“停高温”“停网带”
	生产结束关机时：＜自动操作＞点“自动停止”“自动解除”“网带切除”
	等到烘箱温度降到安全温度以下后，即红灯全灭后，按下“全机紧停”
清场	对用具、烘箱、烘瓶场所进行清理、清洁，废物、污物集中处理
	关闭水、电、气门

安瓿拉丝灌封新机

一、准备工作

1. 进行岗位生产前检查。
2. 转动手动转轮，检查灌封机运转情况。
3. 检查各管道。
4. 确认有足量供应的合格的药液、注射用水、燃气、压缩空气和惰性气体。
5. 进行相关的清洁消毒。
6. 准备好周转盘，装一盘于出瓶口处，其余放在指定地方备用。
7. 接通总电源。
8. 接收安瓿瓶。
9. 填写、挂标示。

二、生产操作

1. 将灌装系统连接就位，用注射用水、药液将灌装系统冲洗干净，回收冲洗的药液。
2. 开 A 级层流。
3. 将安瓿装于进瓶斗中。
4. 取少量安瓿放于齿板上，手动操作，调节针头进入安瓿的位置、深度。
5. 开机，送瓶离合，送入少量安瓿，使用校正过的注射器调节装量。
6. 关机，点火：打开液化气、氧气送气阀，略打开红色旋钮，用电子打火器点火，使火头上都有火焰，然后调节红色旋钮将火焰调大些，再缓缓打开白色旋钮，将火焰调为纯蓝色。
7. 开机，打开惰性气体，根据封口状态，调节火焰（调节火焰，既可调节红钮，也可调节速度），使封口合格。
8. 正常生产运行后，随时检查半成品的质量，及时用镊子取出不合格品；注意各部分运行情况，出现问题及时处理。
9. 满盘后，取下周转盘，放入流动卡。
10. 生产结束后，关惰性气体，关机，关火，先关闭白钮，再关闭红钮，再关上送气钮。
11. 生产过程中，及时填写生产相关记录。

三、清场

1. 清除本批相关物料等，放到指定地点。
2. 对所用容器具、工具进行清洗消毒。
3. 拆下灌装系统进行清洗消毒，对灌封机进行清洗消毒。
4. 对灌封间进行清洁消毒，对清洁工具进行清洁消毒，放于指定地方。
5. 及时填写清场合格证等记录，填写、挂贴各种状态标识及清场合格证。
6. 关闭水、电、气门。

配液的操作要求见附表 1－5。

附表 1－5　配液的操作要求

内容	要求
准备工作	按更衣规程更衣
	检查设备完好及清洁情况，管道接头、阀门等，确认阀门均关闭
	接通总电源
生产操作	开浓配罐的注射用水进水阀，注入工艺要求所需的水量，关浓配罐的注射用水进水阀（若需要通惰性气体，此时就打开进气阀，保持通气状态至罐中无液体）
	打开浓配罐的入口，将称好的原辅料投入，关闭入口，开搅拌器搅拌均匀后，关搅拌器（若需加热，则打开工业蒸汽进汽阀、排汽阀，调整汽压，对浓溶液进行加热、保温一定时间后，关工业蒸汽进汽阀、排汽阀）
生产操作	开浓配罐的泵前阀、回流阀，开药液泵，待浓配液回流滤过一定时间后，从取样口取样检查至浓药液澄清，若不澄清继续回流滤过
	开稀配罐的进料阀，关浓配罐的回流阀（若需要通惰性气体，此时就打开进气阀，保持通气状态至罐中无液体），当浓溶液由浓配罐中全部打入稀配罐后，开浓配罐的注射用水进水阀，开浓配罐的回流阀，关稀配罐的进料阀，用注射用水冲洗浓配罐、滤器、管道一定时间后，关浓配罐的注射用水进水阀，开稀配罐的进料阀，关浓配罐的回流阀，将冲洗水都打入稀配罐中，如此反复 2～3 次。当浓配罐中无液体时，关药液泵
	开稀配罐的注射用水进水阀，注入注射用水至配制全量，关稀配罐的注射用水进水阀，开搅拌器搅拌均匀后关搅拌器
	开稀配罐的泵前阀、回流阀，开药液泵，待稀配液回流滤过一定时间后，从取样口取样检查至稀药液澄明，关药液泵。若不澄明继续回流滤过
	半成品检查合格后，开聚砜滤器前、后阀，关回流阀，开药液泵，药液开始进入灌封间。药液灌完后，关药液泵
清场	对用具、设备、场所进行清理、清洁，废物、污物集中处理；对配制滤过系统进行清洗消毒
	关闭水、电、汽、气门

口服液设备

一、准备工作

1. 进行岗位生产前检查。
2. 检查各管道接头、阀门。
3. 核对待灌装药液。
4. 接收洗净的空瓶、瓶盖。
5. 进行相关的清洁。
6. 准备好周转盘，装一盘于出瓶口处，其余放在指定地方，备用。
7. 接通总电源。
8. 填写、挂标示。

二、生产操作

1. 连接灌装系统。

2. 检查设备运转是否正常：开电源，开“急停”按钮，开“传送带”按钮、“振荡器”按钮、“旋盖”按钮，开绿键“RUN”。

3. 若设备运转正常，用纯化水和药液分别冲洗灌装系统，药液须回收。

4. 定位：人工给无瓶止灌探头一个有瓶信号，拨叉盘将转至适宜位置（正适合针头插入瓶子）。

5. 放少量空瓶在输送带上，调节装量。

6. 按“MOOD”，调节主机频率为 40 Hz。

7. 将瓶盖倒入振荡器中，调节“调速”旋钮，使瓶盖准备就绪。

8. 将空瓶正确放入进瓶机构，打开进瓶机构的开关，调节转盘速度为 30 r/min，开始正常生产。

9. 在灌装过程中随时检查半成品，及时挑出不合格品，注意检查各部分运行情况，有问题及时处理。

10. 满盘后，取出盘，放入流动卡。

11. 生产结束后，关进瓶机构的开关，关闭灌封机：按红键“STOP”，关“旋盖”“振荡器”“传送带”“急停”，关电源。

12. 生产过程中，及时填写生产相关记录。

三、清场

1. 清除本批相关物料，放到指定地点。
2. 对所用容器具、工具进行清洗消毒。
3. 拆下灌装系统进行清洗消毒，对灌装旋盖机进行清洗消毒。
4. 对灌封间进行清洁消毒，对清洁工具进行清洁消毒，放于指定地方。
5. 及时填写清场合格证等记录，填写、挂贴各种状态标识及清场合格证。

6. 关闭水、电门。

空调净化系统

一、操作前准备

1. 检查设备是否完好，包括风道是否有异物、是否通畅，粗、中和高效过滤器是否能正常工作，系统是否密封完好。

2. 松紧度合适。

3. 机体柜门良好。

4. 接通空调净化系统控制箱电源，查看电压是否正常。

二、空调机启停和监视

1. 启动风机。

2. 观察空调净化系统工作情况：洁净室气体压力大于室外大气静压力 10 Pa，注意净化车间气体压差表，若出现气体压差表不正常，及时停机，找出故障予以排除。

3. 空调净化系统不工作时关上控制箱电源。

三、注意事项

1. 启动风机时操作人员应离开风机段。

2. 启动机组时要注意机组进出口调节阀的位置，防止出现不许可高压或吸入压力，以致箱体吸瘪，造成箱体永久变形甚至损坏机组。

3. 禁止在风机运转时打开机组上的门，严禁在风机运转时进入机组。

空气压缩系统

一、操作前准备

1. 对空压主机、储气罐、干燥器、分水滤气阀做检查，确保设备完好。

2. 检查系统中管道和阀门是否有跑、冒、漏现象。

3. 对设备做视觉检查，确保所有保护性设施安全牢固，并确保设备有合适的通风。

4. 确保主机排放阀处于打开状态。

5. 打开电隔离器或断电，通电显示灯会亮，表明线压和控制压均有。

6. 关上干燥过滤器进气分水滤气器和两个出气分水滤气器旋钮。

二、操作

1. 打开干燥过滤器电源，启动干燥过滤器。

2. 打开压缩主机电源，旋动旋钮到启动压缩主机挡。

3. 观察空气压缩系统工作灯是否正常工作。

4. 出现不正常工作情况时按下紧急制动按钮紧急制动压缩主机。

5. 停止工作时先旋动旋钮停止压缩主机运行，关闭压缩主机电源；然后停止干燥过滤器。

6. 最后打开干燥过滤器进气分水滤气器和两个出气分水滤气器旋钮为“排水”状态，若长时间不用则关上干燥过滤器进气分水滤气器和两个出气分水滤气器旋钮。

7. 断开所有开关或断路器。

三、注意事项

1. 操作前若未排水，则旋动干燥过滤器进气分水滤气器和两个出气分水滤气器旋钮给压缩系统排水。

2. 关机后，切勿让设备在储气/分离系统处于受压状态下待机。

3. 不随意打开主机护板和盖罩。

4. 保持房间整洁。

5. 正常运行时注意检查半成品质量，随时挑出不合格品。随时监视各部分运行情况。

6. 满盘后，取出。

7. 关机：先关进瓶机构，再关灌封机，清零，关总电源。

四、清场

1. 清理现场，处理废物，打扫干净。

2. 填写各种记录。

3. 关闭水、电、气门。

附录二 部分液体制剂设备操作考核标准

1. 制备注射用水

专业： 班级： 学号： 姓名：

考核内容	技能要求	分值	考核评分
准备工作	按更衣规程更衣	10	
	进入制水间后，检查上批清场情况，检查设备、管道、接头、阀门等	5	
	检查纯化水、工业蒸汽、自来水等，检查阀门	8	
生产操作	开一效排放阀，开工业蒸汽阀，看表压，听到气声后，关小阀	10	
	开“总电源”“料水泵”，调节流量为 6 L/min，开大蒸汽阀，看表压，开“仪表”，设置报警温度、报警电导	35	
	关机：关工业蒸汽阀，关料水泵、仪表，关总电源，关自来水冷却水阀以及相应的排放阀	20	
清场	对蒸馏水机、制水场所进行清理、清洁	10	
	关闭水、电、汽门	2	
合计		100	

考核教师： 考核时间： 年 月 日

2. 洗瓶

专业：　　　　　　　　　　班级：　　　　　　学号：　　　　　　姓名：

考核内容	技能要求	分值	考核评分
准备工作	按更衣规程更衣	10	
	进入洗瓶间后，检查上批清场情况，检查设备、管道、接头、电源、气源、放水阀	5	
	开注水罐进水阀，放水	3	
	开压缩空气阀	3	
生产操作	开“电源启动”“总停”	2	
	点击“手动操作”“手动进入”“清水泵”“后屏”“水冲”，当水位到达后，点“水冲”开超声波	12	
	推入瓶盘。点击“前屏”、“循环泵”、“晃动”（2次）、“升降”、“推一”、“推一”、“升降”	10	
	点击“翻盘”、“喷淋”（2次）、“后屏”、“推二”（2次）、“前屏”、“翻盘”	10	
	点击“后屏”、“定位”、“对位”（2次）、“针板”、“气冲一”、“水冲”（2～3次）、“气冲一”、“针板”、“对位”	15	
	点“后屏”、“气冲二”（2次）	6	
	关机：先关超声波，点“前屏”“清水泵”“循环泵”“手动推出”，点“前屏”，关各排放阀，关“总停”“电源启动”，关总电源，关进水阀、压缩空气阀	12	
清场	对用具、洗瓶机、洗瓶场所进行清理、清洁，废物、污物集中处理	10	
	关闭水、电、气门	2	
合计		100	

考核教师：　　　　　　　　　　　　　　　　　　考核时间：　　　年　　月　　日

3. 烘瓶

专业：　　　　　　　　班级：　　　　　学号：　　　　　姓名：

考核内容	技能要求	分值	考核评分
准备工作	按更衣规程更衣	10	
	进入洗烘瓶间后，检查上批清场情况，检查设备等	3	
生产操作	开“全机急停”“电源启动”，点“红心”	10	
	点“设置一”，点“控制停止”	10	
	点“设置二”，设置各参数	20	
	点“自动运行”“自动确认”“自动启动”“网带投入”	12	
	查看程序运行情况	10	
	等温度到达设定温度后，推入待灭菌瓶盘；死机时，开“紧急切换”	3	
	关机：点“自动停止”，等到设备内温度降到安全温度以下后，按下“全机急停”	10	
清场	对用具、烘箱、烘瓶场所进行清理、清洁，废物、污物集中处理	10	
	填写“清场合格证”等记录。关闭水、电、气门	2	
合计		100	

考核教师：　　　　　　　　　　考核时间：　　年　　月　　日

4. 配液

专业： 班级： 学号： 姓名：

考核内容	技能要求	分值	考核评分
准备工作	按更衣规程更衣	10	
	进入配液室后，检查上批清场情况；检查配液罐、滤器、管道、阀门等	3	
	开配液罐的进水阀、注射用水泵，注入注射用水，关注射用水泵、进水阀。开回流阀、泵前阀、药液泵，冲洗配液罐、管道、滤器，开配液罐的排放阀，排掉冲洗水，关药液泵、回流阀、泵前阀、排放阀（如此反复至冲洗干净）	12	
	根据“批生产指令”核对原辅料	10	
生产操作	正确称量氯化钠 4.5 g，剩余的原辅料封口贮存	10	
	开浓配罐进水阀、注射用水泵，加 30 000 mL 的注射用水。打开加料盖投入氯化钠，开搅拌器至搅拌均匀	12	
	开回流阀、泵前阀、输液泵，回流滤过，取样检查药液的澄清度至合格	5	
	开稀配罐进水阀，关浓配罐回流阀，浓配液打入稀配罐后，冲洗浓配罐至干净，关注射用水泵、进水阀，输液泵、泵前阀	14	
	开稀配罐进水阀、注射用水泵，加注射用水至 50 000 mL，关注射用水泵、进水阀；开搅拌器至搅拌均匀	5	
	开回流阀、泵前阀、输液泵，回流滤过，取样检查药液的澄明度至合格	7	
清场	清理、清洁配液系统、用具、配液室	10	
	关闭水、电、气门	2	
合计		100	

考核教师： 考核时间： 年 月 日

5. 针剂灌封

专业：　　　　　　　　　　班级：　　　　　　学号：　　　　　　姓名：

考核内容	技能要求	分值	考核评分
准备工作	按更衣规程更衣	10	
	进入灌封间后，检查上批清场情况，检查设备、管道、接头等	3	
	将周转盘装于出瓶口处	2	
	转动手柄检查设备	6	
生产操作	将合格的 2 mL 安瓿盘装在进瓶斗中；开 A 级层流	2	
	放少量安瓿手动操作，调节针头	8	
	开机、送瓶离合，送入少量安瓿调节装量	8	
	开压缩空气阀门，开、调氢氧气阀门。用打火器点火，再将其他火头吹着	16	
	开机运行，观察封口状态，调节火焰使封口合格	10	
	运行时，随时检查半成品质量，挑出不合格品；注意各部分运转情况、安瓿移动情况、针药喷药情况、火焰情况等	6	
	满盘后，取出周转盘	2	
	关机，关火：用压缩空气吹灭火焰，关氢氧气阀门、氢氧发生器、压缩空气阀门	15	
清场	清理、清洁灌封机、灌封间，废物、污物集中处理	10	
	关闭水、电、汽、气门	2	
合计		100	

考核教师：　　　　　　　　　　　　　　　　　　考核时间：　　　年　　月　　日

6. 灭菌

专业： 班级： 学号： 姓名：

考核内容	技能要求	分值	考核评分
灭菌前的准备	核对本次灭菌品种的品名、批号、规格、数量、质量是否符合要求	7	
	根据生产指令及灭菌要求正确选用灭菌设备	3	
	正确检查灭菌设备的运行状态，能够排除常见的故障	7	
	按规定程序对灭菌设备进行润滑、消毒	8	
灭菌过程	取、放物料	10	
	设定灭菌温度、压力、时间，设定冷却时间	15	
	开关各种阀门	10	
	按灭菌机标准操作规程进行操作	15	
灭菌后的清场	操作完毕，将灭菌好的物料装入洁净的盛装容器内，容器内、外贴上标签，注明物料品名、规格、批号、数量、日期和操作者的姓名	5	
	操作完毕，将灭菌物品放置于洁净区内用紫外线照射消毒	5	
	按清场程序和设备清洁规程清理工作现场	10	
	如实填写各种生产记录	5	
合计		100	

考核教师： 考核时间： 年 月 日

7. 眼药水灌装

专业：　　　　　　　　　班级：　　　　　　学号：　　　　　　姓名：

考核内容	技能要求	分值	考核评分
准备工作	按更衣规程更衣	10	
	进入眼药水灌装间后，检查上批清场情况，检查设备、管道、接头等	3	
	将接收盘装于出瓶口处，开总电源	2	
	开理瓶机，开扫瓶盘、进瓶盘、出瓶盘，调速，查看设备运行	8	
	转动手柄，检查设备运转	5	
生产操作	打开灌装机的开关，点“进入系统”“手动工作”“手动工作方式启动”	6	
	设置“灌装步数”为“2 000”，“回转步数”为“12”，“运行频率”为“3 000”。点灌装电机①或②，调节装量	16	
	开理瓶机，调好速度	5	
	点“返回主控画面”“启动”“启动选项”，点除“主电机变频”外所有按钮，调主电机变频为 100 Hz，点“主电机变频”。调节振荡器的频率	15	
	正常运行时，随时检查半成品质量，挑出不合格品；注意各部分运转情况、瓶子移动情况、针药喷药情况及盖内塞、外盖、旋盖情况等	6	
	满盘后，取出	2	
	关机：先关理瓶机，再点“停止”“清零”“关机”，关总电源	10	
清场	对用具、理瓶机、灌装机、灌装场所进行清理、清洁，废物、污物集中处理	10	
	填写“清场合格证”等记录。关闭水、电、气门	2	
合计		100	

考核教师：　　　　　　　　　　　　　　　　考核时间：　　　年　　月　　日

8. 口服液灌装

专业：　　　　　　　　　　班级：　　　　　　学号：　　　　　　姓名：

考核内容	技能要求	分值	考核评分
准备工作	按更衣规程更衣	10	
	进入口服液灌装间后，检查上批清场情况，检查设备、管道、接头等	3	
	将接收盘装于出瓶口处	2	
	开总电源，点“急停”“传送带”“振荡器”“旋盖”“RUN”，检查设备后关机	12	
生产操作	开“急停”，调节频率为40 Hz；开“传送带”“振荡器”“旋盖”“RUN”，调速	15	
	定位	15	
	放少量瓶调节灌装针头，调节装量	5	
	打开进瓶机构的开关，调节速度为30瓶/分	8	
	正常运行时，随时检查半成品质量，挑出不合格品；注意各部分运转情况、瓶子移动情况、针药喷药情况及盖盖、旋盖情况等	6	
	满盘后，取出	2	
	关机：先关进瓶机构，再关灌装机，清零，关总电源	10	
清场	对灌装机、灌装场所进行清理、清洁，废物、污物集中处理	10	
	填写“清场合格证”等记录。关闭水、电、气门	2	
合计		100	

考核教师：　　　　　　　　　　　　　　　　考核时间：　　　年　　月　　日